JN175734

「田舎暮らし」と豊かさ

―コモンズと山村振興―

奥田裕規［編著］

J-FIC

はじめに

高野辰之（作詞家）が書いた「故郷」という童謡には、故郷から出て行った人たちの、故郷から出ていくときの思いが込められている。「忘れがたき　故郷」と語り、「志をはたして　いつの日にか帰らん」と結んでいる。このように、若い人たちを中心に田舎に住む多くの人たちが、都会にあこがれ、より高い収入や便利な暮らしを求めて、田舎から出て行った。

そして、志を果たした後、田舎に帰ってきているか――現実には都会に出て行ったきりとなっており、その結果、田舎の過疎化・高齢化が、急速に進んでいる。

小田切（２００９）は、日本の田舎は、３つの空洞化に直面しているといっている。第１は１９６０年代に始まる高度経済成長とともに始まり、今も続いている「人の空洞化」、第２は、１９８０年代後半から始まり、農業で言えば耕作放棄地、林業で言えば管理放棄された林地が増加する「土地の空洞化」、そして、第3は、１９９０年代から始まる、人口減少や高齢化によって相互扶助や共同作業などの機能を維持できなくなってきた集落が増える「ムラの空洞化」である。１９６０年代以降、現在に至るまで、こうした動きが次々と押し寄せているのが、今の日本の田舎であり、この３つの空洞化をめぐっては「限界集落」という言葉さえも生んでいる。

では、何がこの3つの空洞化を生み出したのだろうか。小田切は、「根底にあるのは『誇りの空洞化』であり、田舎では『子供にこんなところで苦労をさせたくない』、『子供を東京、大阪に出して高い教育を受けさせたい』といった発言が当たり前のように聞かれる。そして、親たちのそんな発言を聞いて育った子供たちは、自分の田舎を『こんなところ』と思い込み、農業や林業を『苦労』と考えてしまう」という。田舎の暮らしや田舎の生業（なりわい）を否定する気持ちが、子供たちに伝搬し、自身も田舎に暮らす前向きな気持ちを失わさせてしまう。

田舎からの人口流出の理由としては、井口ら（1985）がいうように、「1960年代に入って以降の木炭等農林業生産の衰退によって経済的条件が悪化し、現金収入確保のために人が山村から出て行った」ことは、大きい。田舎の問題を考えるうえで最も重要なことは、田舎に住む人の所得をどう確保するかということである。しかし、都会に出れば仕事があるというわけでもなく、これまですり込まれてきた「都会の暮らし」の方が「田舎の暮らし」より、豊かで、魅力的であるというような思い込みは、払拭されなければならない。

第二次世界大戦後の日本人は、アメリカのドラマ（「パパは何でも知っている」や「奥さまは魔女」など）をテレビで見て、アメリカ流の暮らしが豊かであり、アメリカに追いつき、追い越せと、がむしゃらに働いてきた。日本を取り巻く、経済発展に望ましい環境（朝鮮特需、余剰農業労働力の活用、輸出に有利な円安相場（固定相場制1ドル＝360円））を背景に、一般庶民は、テレビ、電気冷蔵庫や電気洗濯機のある便利な暮らしを実現させてきた。一方で、アメリカ流の暮らしを都会の暮らしとダブらせ、日本人に「都会の暮らし」の方が「田舎の暮らし」より豊かで魅力的であると思い込ませ、田舎は、都会に対する劣等感に苛まれ、若い人たちを都会に流出させ続けてきた。

限界集落のことを、大野（２００５）は、65歳以上の高齢者が、集落人口の半数を超え、冠婚葬祭をはじめ、田役、道役などの社会的共同生活の維持が困難な状態に置かれている集落と定義している。問題なのは、田舎に住む人の高齢化や減少だけではない。集落に住む人による川や道、森林、田畑などの地域資源管理が、疎かになっていることこそが問題であり、これは何も高齢化や人口減少のためだけではなく、住民のサラリーマン化によっても起こっている。人が地域や自分の周りのことに無関心になり、自分の直接の利益しか考えなくなることが恐ろしい。とにかく、田舎に、時間が自由になる、自分の考えで動くことができる人が住んでいることが重要である。

小田切（２００９）は田舎を守るという視点から、「誇りの空洞化を逆転させる、誇りを再生する施策あるいは地域づくりこそが、今、求められている」といっている。今、田舎に求められていることは、田舎に住む人たちが、田舎に住むことを誇りに思い、都会に住む人たちが、田舎に住むことを、魅力的なことであると思うことである。これはすなわち、「求心力を持ち得なくなった地域に新しいアイデンティティを形成する（立川、１９９８）」ことである。

本書は、物質的な豊かさではない、自由になる時間の多さなどの、人が生きていくなかで、自分の暮らしが豊かであると実感できる田舎暮らしと彼らの周りにある環境や地域資源との関係の取り持ち方や地域内外の人・組織と地域資源の関係の繋ぎ方について、北海道から九州まで、日本の田舎の実態をつぶさに見てきた研究者たちが悩み、試行錯誤を繰り返しながら分析を加えた成果と葛藤が書き連ねられている。

この本が、「豊かな暮らし」とはどのようなものか、田舎暮らしのよさについて、考えるきっかけづくりになってくれれば、これほどうれしいことはない。

参考・引用文献

小田切徳美（２００９）中山間地域の地域づくり―過疎・自立・対策、北陸の視座 vol.22、北陸地域づくり協会

大野晃（２００５）山村環境社会学序説、農山漁村文化協会、298pp

井口隆史・北川泉（１９８５）山村の兼業深化と高齢化問題、山陰地域研究第1号、島根大学山陰地域研究総合センター、p1-24

立川雅司（１９９８）兼業化・混住化による住民意識や農村社会構成の多様化、中山間地域研究の展開―中山間地域問題の整理と研究の展開方向、養賢堂、p94-100

目次

第１章

「田舎暮らし」の理論

奥田裕規・井上 真

1．内発的発展とコモンズ

地方創生が声高に叫ばれる中で、改めて「内発的発展」という考え方に脚光が当たっている。鶴見（1996）は、「内発的発展」のことを、「人間としての可能性を十全に発現できる条件を作り出すための、多様性に富む〝社会変化〟の過程である」といっている。これを踏まえて本書では、内発的発展を地域に〝社会変化〟を促す過程とし、それに至る道筋とは、「それぞれの地域の人々及び集団によって、固有の自然環境に適合し、文化遺産に基づき、歴史的条件に従って、外来の知識・技術・制度などを照合しつつ、それぞれの地域で自律的に創出されるものである」と定義する。

一方、最近は、「コモンズ」という言葉が、環境社会学をはじめとする様々な学問分野の論文でよく取り上げられる。その意味するところは、「公（public：政府・行政など）」か「私（private：企業や個人）」といった公私二元論ではなく、地域住民レベルの「共」による地域資源管理を考えるきっかけ作りに使われ始めている。

コモンズに関する議論が盛んに行われるようになったきっかけは、アメリカの生物学者であるハーディン（1968）が「サイエンス」誌に発表した「コモンズの悲劇」という論文である。この論文では、各構成員の得る収入が費用を上回る限り、放牧する牛の頭数をそれぞれが競って増やし続け、その結果、共同放牧地は過放牧となって荒廃するに至り、共有資源の共同管理は失敗するといっている。そして、共有地の管理が失敗することを前提に、公的管理、私的管理といった公私二元的資源管

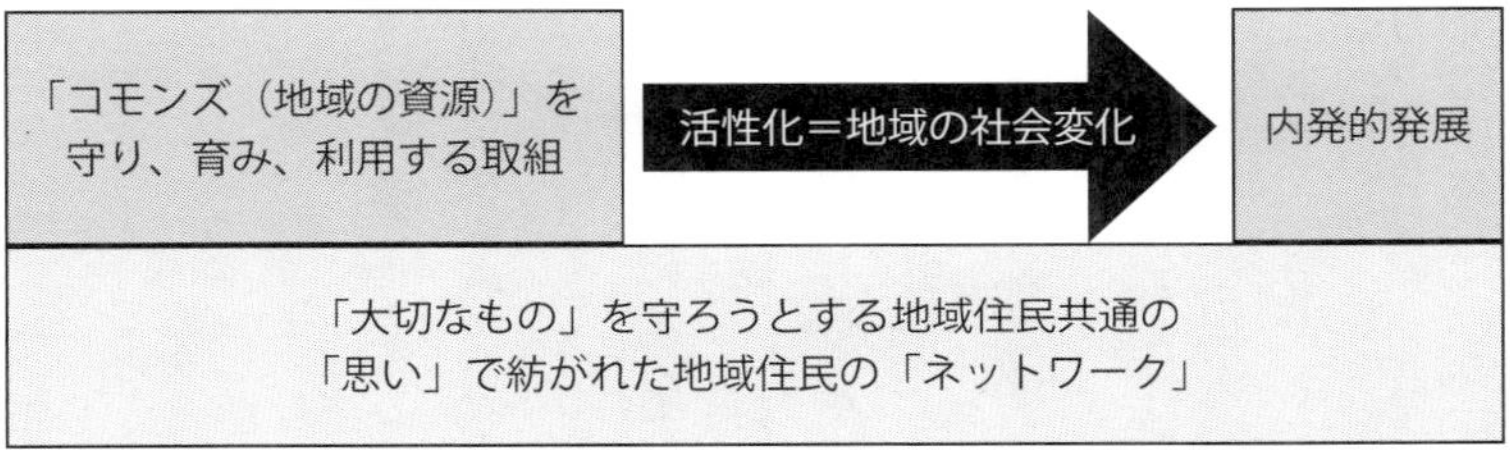

図１－１　地域社会における内発的発展とコモンズの構図

理の考え方を提案している。

　一方、ブロムリー（１９８６）は、「共有的資源管理に関する研究会」において、共的資源管理の成功事例・失敗事例を世界各国から収集し、「共的資源管理のあり方を定める制度やルール・慣習への理解が深まらなければ、資源劣化を回避することはできない」と述べている。また、２００９年度にノーベル経済学賞を受賞したオストローム（１９９０）やマッキーンが、コモンズが共有資源の共同管理に成功するための条件の提示に努めているように、地域の川や道、森林、棚田、そして、地域の暮らしに根差した地域資源の管理・利用は、共的な観点を取り入れないとうまくいかない。井上（１９９７）も、地域住民が、利用する権利及び管理する義務に関する規律を自発的に定めて守ってきた共有物を「タイトなローカルコモンズ」と呼び、地域住民による持続的な、地域資源の利用・管理に期待を寄せている。

　田舎を守っていくために、政治や行政が課題としてきたのは、主に産業基盤や生活基盤の整備であり、このことについては、効果の有無は別として様々な対策がとられてきた。しかし、社会組織の脆弱化については、これといった対策がとられてこなかった。脆弱化した社会組織を活性化させ、日本に住む人に、田舎暮らしが「豊かなもの」であると評価してもらうためには、田舎に多様な暮らしを実現し、「豊かさ」の意味を貨幣経済的な価値一辺倒から多様化させるという、価値観の転換を促す必要がある。

そのためには、人が田舎に住み、田舎の住民が様々な取組を自律的に展開する状況が望まれる。すでに述べたように「内発的発展」とは、「大切なもの」を守ろうとする共通の「思い」を持った地域の住民や組織が、「大切なもの」を守ろうとする活動を活性化させる〝社会変化〟の過程であり、その際、「コモンズ」の存在が重要となる。この考え方を示したものが図1―1であり、その具体的な実践例を求めて、本書の第3章では、岩手県西和賀町沢内、岩手県遠野市附馬牛町、山形県金山町における調査結果を紹介する。

こうした実践例を通じて、田舎に住む人が自らの生活が「豊かなもの」だと実感する過程について考察していきたい。

2. 里山＝入会林野というコモンズ

北尾（2001）は里山について、「農山村の集落近くに位置し、農民の生業のもとで利用に供された履歴をもつ林野のこと…近接する田んぼ、ため池、あぜ道、土手の草地、用水路などからなる、農的営みと自然の一体的な景域景観を里山と呼ぶこともある」と定義している。江戸時代、里山は、

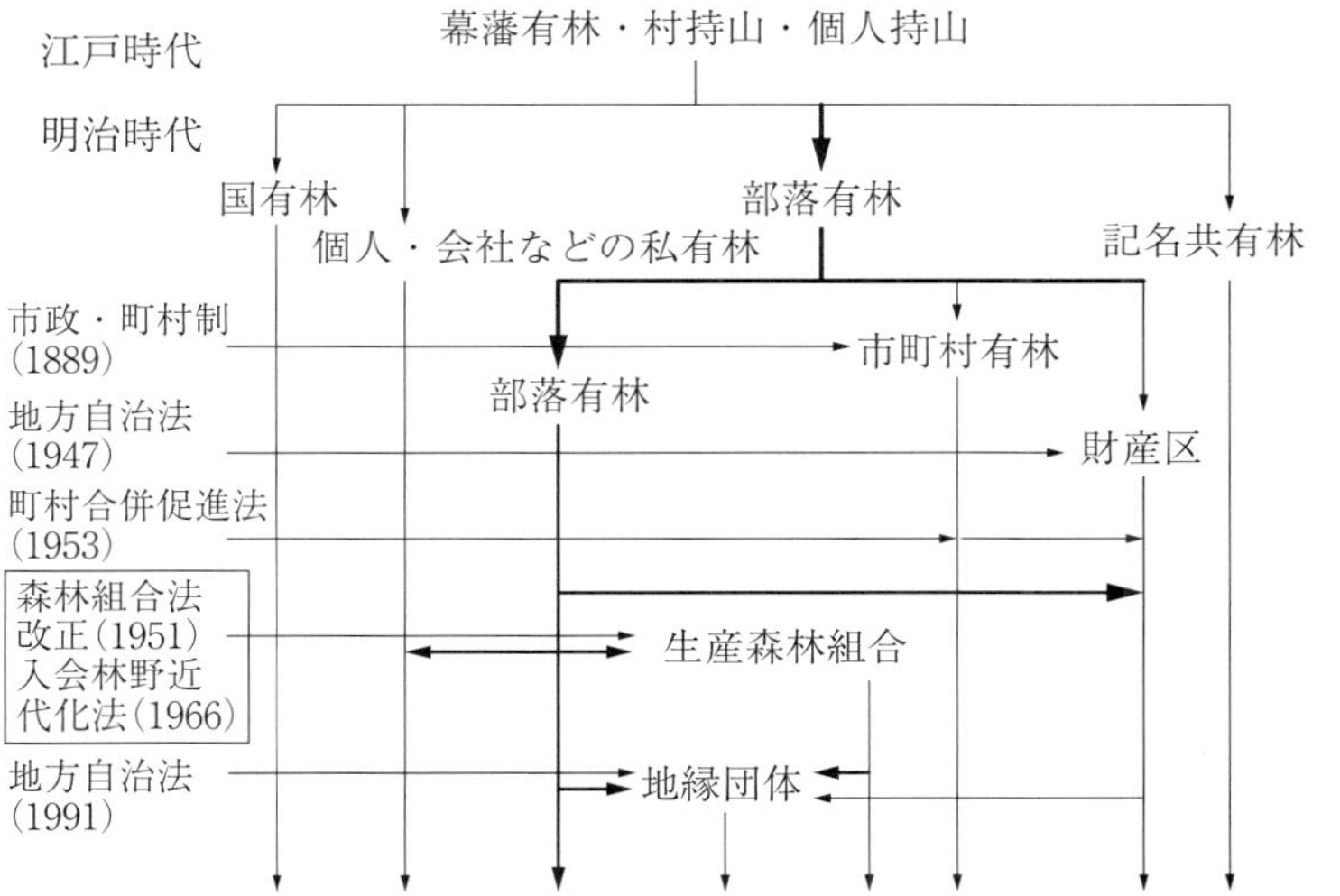

図１－２　入会林野の移り変わり

刈敷、厩肥、牛馬飼料、また家作用材・燃料の採取源として、農民が生きていくうえで不可欠な存在であり、かつ、村落共同体をとりまとめる要でもあった。多く農民は、それらを入会利用地として、利用に様々な制限を加えたうえで、適正に管理してきた。これは、「大半の林地そのものが林産物生産の対象外にあり、領主自身が『農民の身の代は、秣より上ると昔よりの伝えなり』（津軽藩『耕作噺』）として、秣場の確保と保護のために広大な林野を入会地として存続」させてきたからである。このような里山は、「入会林野」と呼ばれ、管理・利用について集団内で規律（利用時期、使用道具、採取量）が定められ、利用にあたって種々の権利・義務関係が伴っている「タイトなローカルコモンズ」（井上、１９９７）そのものであった。このコモンズとしての里山、すなわち入会林野がもつ現代的意味については、第4章で詳述するがその前段としてここでは明治以降の入会林野を巡る状況の変化をみておく（図1―2）。

明治政府は江戸時代までの土地利用のあり方を無視して、地租収納の基礎を確立することを目的とした、払い下げによる私的土地所有権の設定を強引に進めていった。この延長線上に、入会林野のように土地所有権の曖昧な制度を許さず、官民の二者択一を迫る明治政府の政策があり、木材資源の欠乏の顕在化、すなわち薪炭生産から用材生産へという森林の利用目的の変化とともに入会林野の国有林への囲い込みも激化した。こうして、地元農民の土地所有への意識の薄さを突く形で入会林野における近代的土地所有権の設定が急速に進められ、資源の培養を目指した人工造林の進行のなかで地元農民の入会利用が次第に排除されていった。

その結果、明治期には、国有林や大山林所有者などの地主に対する入会権確認の闘争が頻発し、そのなかには小繋事件（戒能、1976）のように戦後まで継続した事件もみられた。村持山として残った入会林野は、1889年の市町村制移行に伴う村の統合によって、部落有林野となり、1919年から始まる部落有林野の整理統一事業により、その多くが市町村有林へ移行する。そして、1953年の町村合併促進法の制定により旧市町村有林の約4割が新市町村へ引き継がれた他、同じく約4割が地方自治法の定める財産区有林となった。

3. 地域住民から離れていったコモンズ

入会権は地域に住む農家が勝ち取ってきた権利であり、地域の財産としての入会山が守られてきたのは、地域の農家が「共同」して、土地所有者である藩主に、地域の森林原野を入会林野として利用することを認めさせ、持続的に利用しながら、適切に管理してきたからである。入会林野は、地域住民が地域で暮らしていくためには持続的に利用しなければならない、地域の暮らしを守っていくために不可欠なコモンズであった。

このような入会権が設定された入会林野は、１９５５年時点で全国に約２２０万haあったとされる。そして、入会林野は、離村すればそこを利用する権利を失う「総有の資源」であった。

しかし、林業基本法（１９６４年）の関連法令として入会林野近代化法が１９６６年に制定され、入会林野を入会権者で分割所有したり、個々の入会権者が持ち分出資した生産森林組合を設立したりするなどの林野所有の近代化が進められ、２００４年度までの38年間に６５６７件、56万８２６３haの入会林野が整備された。ところが、「林野所有の近代化」の受け手であった個々の森林所有者や生産森林組合は、所有者本人や組合の構成員の高齢化及び木材価格の低迷による林業への関心の低下等を背景に、手入れの放棄などの森林離れが進んでいる。地域住民がそこで暮らしていくのに不可欠であった薪炭材（特に炭は、貴重な収入源でもあった）、刈敷、厩肥、牛馬飼料の採取源としての入会林野の役割が必要とされなくなり、木材生産のために植林され、植林木の成長とともに手がかからなくなり、地域住民にとって遠い存在になってしまっている。

人工林化され、木材収入が見込める場合は、生産森林組合や営利目的の林業経営体でもやっていけるが、収益が見込めなくなった場合は、山下（２０１１）がいうように、生産森林組合や団体名義の入会山は、権利関係を巡るトラブルを恐れ、そして、税金等の経費負担に耐えることができず、解散し、認可地縁団体のような管理形態を選択するケースもみられるようになってきている。

4．新たなコモンズのあり方とは

山下（２０１１）は、入会林野面積・事業体数ともに全国都道府県における上位を占める長野県の未整備入会林野を対象に詳細な実態調査を行っている。その結果、「飯山市では、集落を母体に認可地縁団体を設立する事例が急増し、また、３つの生産森林組合すべてが解散し、１９９１年に行われた地方自治法改正により創設された認可地縁団体に財産を移しており、その理由として、登記名義と権利者の不一致に煩わされないことや法人税等の経費負担の軽減というメリットがあったこと」をあげている。地縁団体は自治会のような活動の目的が限定されない組織であり、入会林野は、その管理・経営にかかわりのある集落住民による森林管理の対象ではなくなり、集会施設などと同じ、自治会住民全体の共同活動に資する保有資産ということになってしまう。こうなると、森林管理の方向はどのように定められ、どのような目標のもと、どのような管理がなされていくのであろうか。自治会の資産となってしまった森林が、放置されることとなってしまうことが懸念される。「資源を利用することが、生態系を持続させている物質循環の一部になる（室田、２００９）」ようなコモンズの利用・管理システムが構築されなければ、コモンズの悲劇は免れ得ない。しかし、時の流れとともに、コモンズへの期待も変化し、それを管理・利用する人や組織、そして、その人や組織の存在する〝地域〟も変化するので、それを持続的に守り、利用するシステムの構築は一筋縄でいかない。

菅（２００９）は「コモンズ」を「コミュニティ型コモンズ」と「ネットワーク型コモンズ」の2類型に分けている。「コミュニティ型コモンズ」は、コミュニティを基盤とし、空間規定的な、規律や制度が厳格に定められ、コモンズにかかわる人や組織が決まっている、その利用、育成の手法が固定的な、日本の昔の入会林野のような「コモンズ」である。一方、「ネットワーク型コモンズ」は、個人を媒介する流動的かつ可変的な網の目状のネットワークによって、合目的的かつ合理的な意志によって結ばれる非空間的な柔構造を持つ「コモンズ」であるといっている。

入会林野は、菅のいう「コミュニティ型コモンズ」の代表的な事例であり、定着性の強い集落住民が、地域の暮らしを成り立たせるために、そこから得られる生産物を持続的に利用し、「コモンズ」として管理・経営してきたものである。しかし、貨幣経済の浸透もあって、地域住民は化学肥料や石油等の化石燃料をお金で購入し、入会山から得られる産物を必要としなくなってしまった。その結果、入会山は人工林化され、その成長とともに人の手入れが不要となり、「コモンズ」としての管理・利用がなされなくなってきている。今、地域住民の関心が薄くなりつつある「コモンズ」に、住民は何を期待するのか。入会林野であった森林を、「コモンズ」として、管理し、利用しようとしている人たちは、どこに住み、どのようなことをしている人たちなのだろうか。これは、菅のいう「ネットワーク型コモンズ」といっていいものなのだろうか。入会林野は、「コミュニティ型コモンズ」から「ネットワーク型コモンズ」に変質しようとしているのだろうか。そして、それらの人たちを「ネットワーク」で繋いでいくのは、どのような「思い」なのだろうか。「コモンズ」の将来はどのようなものなのだろうか。以下の章では、特に第4章を中心として、こうした疑問に対し、具体的な事例をもとに答えを見出していきたい。

参考・引用文献

Bromley Daniel W（1986）"The Common Property Challenge" in National Research Council' Proceedings of the Conference on Common Property Resource Management、Washington,D.C. National Academy Press、Ch.1

Elinor Ostrom（1990）Governing the Commons, The Evolution of Institutions for Collective Action、Cambridge University Press、298pp Garrett Hardin（1968）The Tragedy of the Commons、Science vol.162、p1243-1248

Hironori Okuda、Makoto Inoue and Takaaki Komaki（2010）"The Commons" play an important role in the "endogenous development" of a mountain village—A local production for local consumption and a beautiful townscape in Kaneyama-town, Yamagata Prefecture—, JARQ vol.44 No.3, p311-318.

井上真（１９９７）コモンズとしての熱帯林―カリマンタンでの実証調査をもとにして―. 環境社会学研究第３号、新曜社、p15-32

戒能通孝（１９７６）小繋事件　三代にわたる入会権紛争、岩波新書、岩波書店、212pp

北尾邦伸（２００１）里山、森林・林業百科事典、丸善、p347-34

室田武（２００９）山野海川の共的世界、グローバル時代のローカルコモンズ、ミネルヴァ書房、p26-51

大野晃（２００５）山村環境社会学序説、農山漁村文化協会、298pp

菅豊（２００９）中国伝統的コモンズの現代的含意、グローバル時代のローカルコモンズ、ミネルヴァ書房、p215-236

山下詠子（２０１１）入会林野の変容と現代的意義、東京大学出版会、256pp

鶴見和子（１９９６）内発的発展論の展開、筑摩書房、332pp

第２章

「田舎暮らし」を始める人たち

奥田裕規

1．田舎に帰って来ない子供たち

１９９７年７月に岩手県遠野市内の山村集落の出身者41人を対象に、故郷への思い等を聞くアンケート調査を行った。回答が返ってきたのは12戸18通、回答率は44％であり、回答者の年齢は30歳未満が８人、40歳未満が７人、40歳以上が３人であった。その回答の傾向をみてみる。

「故郷は好きか」という質問に対しては、「とても好き」が３人、「どちらかといえば好き」が12人、合計15人（83％）の人が「好き」と答えている。しかし、「故郷に帰るか」との質問に「帰る」と答えた人は、遠野市内に就職が決まっている比較的規模の大きい田畑を所有する農家の跡継ぎの１人のみであった。村から出て行った子供たちは、親のことは気になるが、家の跡取りとして故郷に帰って親の世話をしなければならないという「使命」からは、解き放たれている（奥田、１９９８）。田舎から出ていった人たちは、都会に住み着いてしまい、帰ってくることはなさそうである。そして、彼らの子供たちも、田舎での暮らしを知らずに育ち、親の故郷であるおじいちゃん、おばあちゃんの住む、もしくは、住んでいた田舎に暮らすことはなさそうである。逆に、田舎で暮らしてきた高齢者たちが、都会に住む子供たちに呼び寄せられ、都会の高齢者住宅に住むケースもみられるようになってきたという。親世代が住み、都会に出て行った子供世代が帰るであろうはずの場所、すなわち田舎を守るのは、地域に縁のない、今、都会に住んでいる人たちなのかもしれない。

２. 田舎暮らしを始める人たち

都会生まれで、田舎での生活を希望し、田舎暮らしを始める人たちを、最近、よく見かける。このような移住の仕方をＩターンと呼んでいる。Ｉターンの背景とＩターン後の状況を把握するため、１９９５年から２０００年までの５年間に遠野市にＩターンしてきた８世帯を対象に、２００１年7月、聞き取り調査を行った。

その結果、都会からＩターンしてくる人たちを以下の３類型に分類することができた（表2―1）。一つめは、子供が自立し、定年後もしくは定年前の早期退職制度等を利用し、第２の人生として、これまで培った生活及び起業のための資金やノウハウを活用し、好きな農業や宿泊施設・レストラン経営等を実践するために都市から田舎に移り住んで来た人たち（経験活用型）、二つめは、若くて資金的な準備は十分ではないが、自然農法や焼き物・陶芸などやりたいことがあり、そのためのノウハウを勉強しつつ、実践するために田舎に移り住んできた人たち（夢挑戦型）、最後の三つめはインターネット等を使うことで田舎と都市の空間的隔たりを乗り越えたり、

表２－１　Ｉターン者の３類型

類型区分	きっかけ	経済的蓄え	技術的裏付け 収入の見通し	山村への期待
A （経験活用型）	定年後・定年前退職	あり	あり	第二の人生 生き甲斐
B （夢挑戦型）	比較的若年時	不十分	知識はあり 実践はこれから	夢に挑戦
C （生活環境重視型）	随時・条件が整った時	あり	あり	生活環境の良さ

出典：「日本山村の過去・現在・未来、山村人口の動態」、森林の百科、朝倉書店、2003年

都会で獲得した知識や技術を生かせる仕事を確保するなど確実な収入源がある上で、生活環境の優れた田舎に魅力を感じ、田舎に移り住んできた人たち（生活環境重視型）の3類型である。

彼らに共通しているのが、「豊かな自然の中で暮らしたい」、「地域の伝統芸能と触れあいたい」という回答である。都会の暮らしより田舎の暮らしの方が魅力的であり、自分に相応しいとしている点が共通している（奥田、２００３）。光ブロードバンド環境が整った田舎に開発拠点を設けるＩＴ会社も出てきているように、田舎での暮らしは、新しい発想するのに相応しいという評価も生まれつつある。

その一方で、放置された田畑や山林が、田舎に住む人たちの暮らしを脅かすシカやイノシシの食料の供給源及び住み家になっていること（井上、２００８）や、伝統芸能が伝承されなくなってきていることなど、地域の田畑・森林の管理放棄や地域文化の衰退が、人を田舎に住みづらくしたり、住む魅力を失わせたりしている。

田舎に昔から住んできた人たちやＩターン者が、田舎で豊かに暮らしていくためには、様々な場所で様々な生き方をしてきた人々に、個々人が育んできた固有の能力を発揮できるような社会づくりが不可欠である。このような社会づくりの必要性について、日本に住むすべての人たちが、国や県、市町村などの行政も巻き込んで、真剣に考えなければならなくなってきている。

3．田舎暮らしを始める時に必要とされるもの

２００２年９月、遠野市附馬牛町の山村集落に住む４４３戸を対象に、郵送によりIターンに関するアンケート調査を行った。回答が返ってきたのは４４３戸中１４２通（うちIターン者は13通）、回答率は32・１％であった。

その結果をみると、95人（66・９％）の住民が人口の減少を附馬牛町の抱える重要な問題点だと指摘し、67人（47・２％）が「もっと沢山の人に移り住んで来て欲しい」と答えている。そして、ずっと地域に住んできた人たちがIターン者に期待することは、「若い人に来てもらいたい」、「子どもを増やして欲しい」、「農業など産業そして地域の活性化に役立って欲しい」、「行事や祭りに積極的に参加し、地域に住んできた人たちとの交流を大切にして欲しい」ということであり、すでにこの地にIターンしている経験者からは「人間復興」、「自分らしく暮らして欲しい」、「伝統文化の継承や自然保護に役立って欲しい」という要望が出ている。その上で両者に共通の要望として「自己主張（自分のライフスタイル）と集落のバランス」を保ち、「山村集落に住んできた人たちと価値観を共有」することにより早く地域に馴染んで欲しいという希望が寄せられている。山村の生活は厳しいが、馴染んでしまえば十分に生き甲斐を持って暮らせるし、山村の活性化にもつながるという期待を込めた回答である。一方、「期待しない」や「関係ない」という意見も約１割の人からあった（図2―1）（奥田ら、２００４）。Iターン者が田舎で暮らしていけるかどうかは、Iターン者がもともとそこに住んでき

た人たちと馴染んで、これらの人たちとどのようにネットワークを繋いでいくか、ということと、このネットワークにこれまで住んできた都会のネットワークをどう絡ませていくか、結局、自分自身の田舎暮らしのネットワークをどのように紡いでいくかにかかっている。

田舎暮らしを始めるにあたって、まず必要なものは、そこで暮らしていくための家とそこで生きていくために必要な食料や燃料を調達する場である田・畑や森林である。それらをそこで住んでいたが今は住んでいない人たちや、相続したがそこには

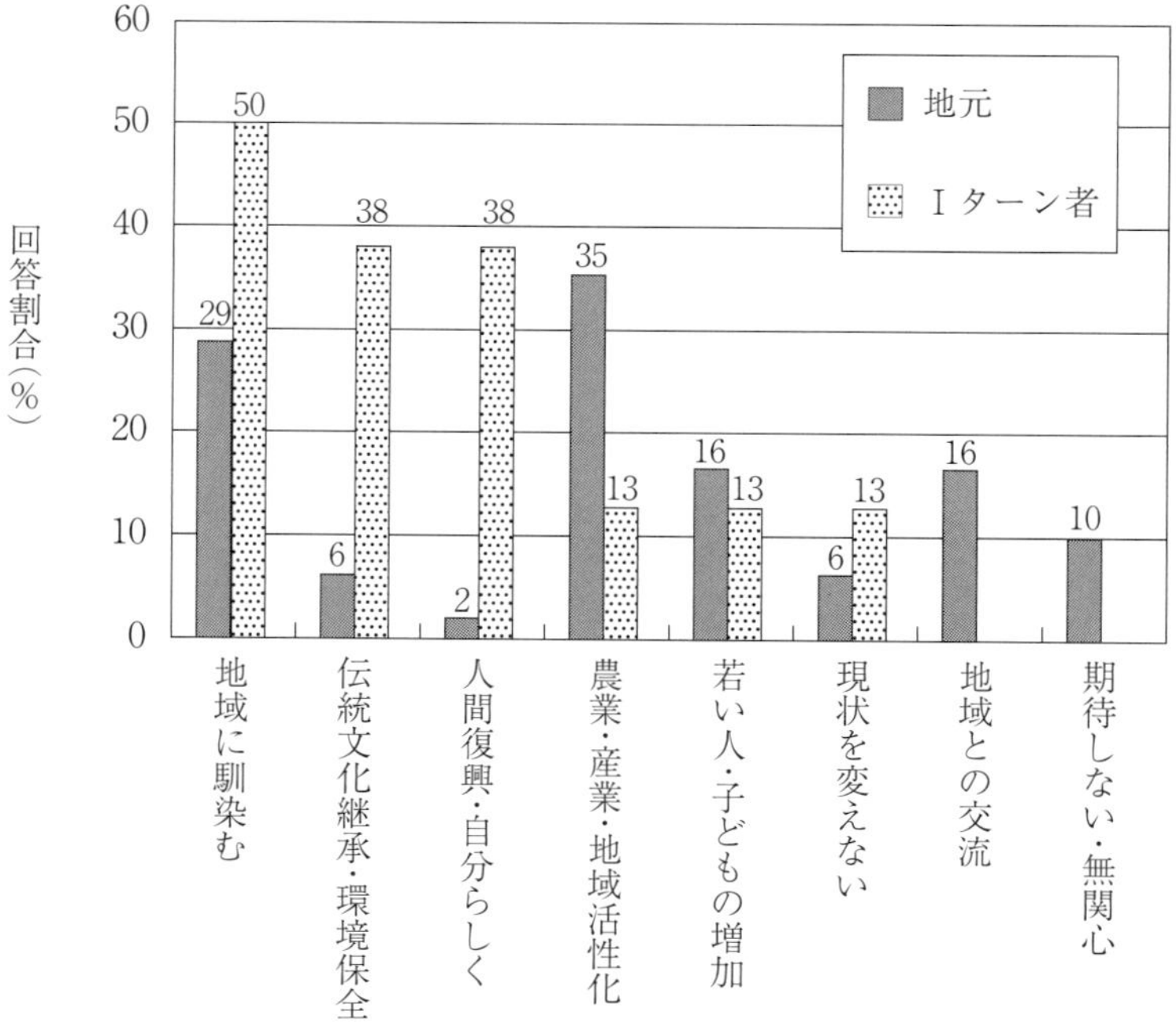

図2－1　Iターン者に期待すること
資料：2002年9月郵送によるアンケート調査結果

住んでいない人たちが手放さないで放置し、新たにそこに移り住んで来た人たちが、利用したくても利用できない状況がよくみられる。転出した人たちが近い将来、田舎に帰って来て、そこに住み、それらを利用するのであれば、所有し続けていてもいいのだが、その当てがないのなら、彼らの家や田畑・森林は、そこに移り住み、利用したいと思っている人たちにスムーズに委譲されるべきであろう。

参考・引用文献

井上真央（２００８）これならできる獣害対策―イノシシ・シカ・サル、農山漁村文化協会、181pp

奥田裕規（１９９８）人的繋がりからみた東北地方山村の現状と今後の展望―遠野地域の山村集落を例に―、林業経済研究 vol.44 No.2、p37-42

奥田裕規（２００３）山村人口の動態：森林の百科、朝倉書店、p579-582

奥田裕規、鹿又秀聡、久保山裕史（２００４）山村人口の推移とIターン者の動向―岩手県遠野市を例に―、第55回日林関東支論、p9-12

郊外育ちの私と山村

大久保実香

1. 郊外育ちの私

山村に通い、その厳しい実情を知れば知るほど、地元を大事にするということがどれだけ大切な意味を持っているのかということに気付く。けれど、一方で、自分にとって大事にしたい地元、深いかかわりをもつ地元がどこなのだと問われると、ここだと自信を持って答えるのは私にとって難しい。田舎とか、故郷とかと呼んでしっくり来るような場所が、正直なところ、私には思い浮かばない。

東京都江戸川区、東京湾の埋め立て地にある団地で、私は育った。郊外育ちの典型例のようなものなのだろう。その団地は、私が生まれたのと同じ1985年に建てられた14階建てで、11階の我が家のベランダからは、夜になれば東京ディズニーランドの花火が見えた。神社も、お寺も、お地蔵さんも、私の生活範囲にはなかったが、それが当たり前だった。近くに広がっていた空き地の原っぱでバッタやイナゴを採ったり、植栽の中でドングリを集めたり。親に教わった覚えはないが、エンガチョ（網野、1996）の遊びもしていた。放課後よく遊び場にしていたのは、親水公園とコミュニティ会館だった。それが、水と親しむために造られた空間であり、コミュニティ活動の拠点として建てられた建物であったことに気付いたのは、大学院で研究を始めてからのことだ。まっさらの町に、人と自然との繋がり、人と人との繋がりを築こうと新しく計画された、まさにその空間の中で、私は放課後の時間の多くを過ごしていた。

郊外育ちの団塊ジュニア世代について、三浦展はこう指摘する。「郊外で育つとどうなるか。郊外は新しく開発された土地であり、その土地固有の歴史や伝統をもたない。正月やお盆に何をする、何を食べる、という習慣が郊外にはない。郊外では、それぞれの家族が、その家族なりのやり方で正月やお盆やお彼岸を迎えることになる。（中略）郊外で育つということは、歴史や伝統に縛られない価値観と行動様式をもった人間を生み出すということになる（三浦、２００１）。」そして、こうも言う。「郊外で育った若者は、郊外に住んでいるからこそ、精神の安全弁として非郊外的なるものを求める（三浦、１９９９）。」

私の農山村への興味関心は、確かに、郊外育ちであることと切り離すことはできないように思う。田舎の人にとって都会が憧れだというならば、私にとって田舎は幼い頃からの憧れである。日本の山村でのフィールドワークで出会ったことのほとんど全て—例えば、村における人付き合いのあり方とか、土地に対する向き合い方とか—は、私にとって、なじみの世界というよりは、初めて知る世界のことだった。

2. 山村へ

南アルプスへと連なる山間に位置する茂倉集落（山梨県早川町、写真１）を初めて訪れた日、集落の道端で、敏文さんに出会った。伝統野菜や地域のことを知りたくて来た大学院生だということを話すと、集落を案内しながら、色々なことを教えて下さった。ここに来たのならぜひこれを見て、といった雰囲気で連れて行って下さったのが、集落の七面堂だった。お堂の壁には、茂倉の人たちによる寄付や修繕などの記録がびっしり残されており、大勢の人の名前の中に敏文さんやそのお祖父さんの名前も見つけることができた。茂倉の歴史のつながりの中に生き、茂倉を誇りに思い、茂倉のために動いてきた姿を、目の当たりにした。

写真１　山梨県早川町茂倉集落

それから茂倉に通うようになり、そうした思いは茂倉に暮らす人たちに共有されているものだと知った（大久保、２０１３）。ある時は、コンクリートをはがして地中に埋まっている水道管を、皆で工事していた*[1]（写真２）。水漏れの不具合があったそうだ。作業が進むうちにだんだんと手伝う人が増えてきて、作業が終わってからはビールやつまみを持ち寄ってその場で宴会が始まった。村の人たちは、水源からひいてきた水がどこをどう通っているかをよく知っており、何か不具合があれば、自分で、自分達で、何とかしてしまう。それも、なんだか楽しそうに。何かあったら、水道局か業者に連絡するかしか能がない私とは大違いだ。

写真２　茂倉の人々

ある時は、一面ひざ上まで草が生い茂った場所の草刈りを、90歳を超えたおばあさんが手で行っていた*[2]。聞けば、「うらん（私の）とこじゃないけれど、昔は借りて作ったから」とのこと。荒れているのを放っておけず、自分で手を動かすことにしたのだろう。

散歩のついでに道端の草を抜く。道路の落ち葉をほうきで掃く。茂倉に暮らす人々にとっては、そんな風に身の回りの環境に手をかけることは当たり前で、そう動くことが体に染みついているようだ。料理を作れば「これを煮たから」

と持って行く。大雪が降った時には、一人暮らしの家まで雪をかいて道を開け、様子を見に行く。そんな風に、周りに暮らす人たちのことを当たり前のように気遣う。何かをしてもらえば、「(そんなことをしてもらって）悪いじゃん」、「ありがたいねぇ」などと、互いに言葉を掛け合い、自分もまた、集落のため、人のために動く。何かをしてもらったら、同じかそれ以上のことをしてあげたい。何かをしすぎて、相手の負担にならないようにしたい。細やかな気遣いもまた、茂倉では当たり前のことのようだ。

3. 村と町を行き来する人たち

茂倉への愛着を持って、それを行動に移しているのは、普段茂倉に住んでいる人たちだけではないこともわかってきた(大久保ら、2011)。一見すると空き家が多いが、週末やお盆、お彼岸になると、そうした家にも灯りがともる。茂倉出身で普段外にいる人たち（他出者）が帰ってくるのだ。茂倉では、1960年代後半から、中学卒業と同時に高校進学のために村を離れることが一般的になっていった。村の者同士での結婚も多かった親世代とは異なり、中学卒業を機に茂倉を離れた世代では、町外に出て出会った人と結婚した者が多い。彼らの多くは、甲府市にほど近い昭和町など、山梨県内に暮らしている。

彼らについて、「出て行った」という言い方はあまり聞かない。「向こうにいる」とか「あっちにいる」と言われる。実際、茂倉で暮らす人がいない他出世帯の約9割が、区のメンバーの一員であり続けている。総人足や総会、お祭りの日も、他出者が帰ってくるので、茂倉は車であふれる。そこにあるのは、単なる義務感だけではない。作業をしていれば、昔のいろいろな記憶が思い出され、懐かしい話に花が咲く。作業が終わってから、ここでしか採れないきゅうりや手作りこんにゃくなど茂倉ならではのつまみを囲み、車座になって話をする。区の総会の最後には、かつて村の学校の先生が作詞を手がけた「自然の茂倉」の歌をみんなで歌ってからお開きになることもある。

定年で時間ができて、畑作業に通う者もいる。厄払いや家内安全などを祈る寺や神社、先祖代々のお墓もある。お盆になれば亡くなった家族やご先祖が帰ってくる場所でもある。子供時代を茂倉で過ごした人たちにとって、茂倉はかかわりを切ることのできない、意味のある場所であるように思えた。

茂倉で育った経験を持つ彼ら他出者は、10年、20年後の茂倉を考える上で欠かせない存在だ。他出者は、そこで育った経験から、茂倉のことをよく知っているし、茂倉でもその人のことがよく知られている。この畑はどこの家のなのか、この家の人はどんな人なのか、祭りの準備はどんな手順でするのか、手助けをお願いしたい時には誰にどんな風に頼めばよいか、世話になった人にはどうお礼したらよいのか。初めて村に来た人ではわからないけれどそこに住む人なら知っている当たり前のことを、他出者は知っている。それに加えて、他出者は、その家の先祖から引き継いだ家や畑、山、お墓などに自然にかかわることができる。よそ者が移り住もうと思ったら、貸してくれる家を探すところから始めなくてはならないし、集落にお墓を持つまでになるには相応の時間がかかることだろう。

もちろん、他出者には常時住んでいないために十分に果たせない役割もある。総人足や祭りのように、予定を立てられることや、一気に多くの作業をすることに関しては、住んでいない人でもかかわりやすい。一方で、台風や大雪、突然の不幸があった場合のように、予定が組めないことに関しては、その時にその場にいる住んでいる人で対応することになる。また、日々道路に落ちてくる落石落枝を取り除くといった継続的な作業も、住んでいないと難しい。

他出者にできることは、居住者と比べると限定的だ。しかし、例えそうであっても、やれる範囲でかかわろうとする者を認め、ありがとうと言い合えること。茂倉に多くの他出者が集まる理由は、ここにあるのではないかと私は思う。もし十分なかかわりができない者を非難するならば、集落にかかわろうとする者は減る一方だろう。また、茂倉では、祭りなどの慣習について、それまでのやり方を頑なに守るのではなく、その時々で納得できる範囲でやり方を模索し、やり方を変えながら対応してきた。やるかやらないかではなく、やれる範囲を探りながら続けてきたということも、茂倉で様々な行事が続いてきた要因の一つであるように思える。

4. 村に集う子供・若者たち

茂倉の場合、他出者の多くもすでに50歳以上になっている。集落の30年、40年先を考えた時、新たな担い手は現れるのだろうか。他出者の子供や孫たちは、集落とのかかわりをもち続けるのだろうか。

他出二世ともいうべき他出者の子供世代は、この集落に住んだことがない。お祖父さんお祖母さんが集落に住んでいる場合もあるが、そうでないことも多い。それでも、お盆になれば、家族みんなでこの場所に来て、お墓へお盆さんを迎えに行き、家に盆棚を準備して、親戚や家族とここで過ごす。お盆には、子供たちの相撲大会も行われ、大いに盛り上がっていた*3。普段子供がいない集落に、子供たちがはしゃぐ声や、ロケット花火で遊ぶ音が響く。すでに成人し、他出三世にあたる子供を連れて茂倉へ帰省する他出二世の姿も見られる。他出三世にあたる小さい子供たちが、相撲大会で相撲を取る姿も見られた。

他出二世は、集落に住んだことがないとはいえ、親戚づきあいや相撲大会などを通して、集落の人とは顔なじみだ。名付け親をとっている場合もあり、お盆に名付け親の家に遊びに行ってはおやつをご馳走になる子供の姿も見られた。いとこや友達と集落の中を駆け回って鬼ごっこをして遊んだりするので、集落の中の地理にも詳しい。どの家に入っても、そうした子供たちの誕生日と名前が記された命名書が、数えきれないほど貼られている。仮に誰かわからない人に出会ったとしても、誰々の娘です、とか、誰々の孫です、と言えば、それだけで話がつながる。

居住者の気持ちも、他出者やその子供、孫にまで向けられていた。茂倉では、腹題目と呼ばれる、集落に居住する女性たちが寺に集まってお産がある人の安産を祈願してお題目を唱える行事があった。年2回行われてきたが、平成21年を最後にこの行事は休むことになった。休む前の最後の腹題目は、居住者の孫（他出二世）がひ孫（他出三世）を無事に出産することを祈願して行われた。他出二世、他出三世の代になっても、集落中の女性たちが集まって祈願してくれるなんて、なんと心強いことだろうと思った。

お祖父さんお祖母さんが住む農山村へ、町育ちの孫がIターンして住み始める「孫ターン」が、茂倉のある早川町内でも2件みられる*4。子供の頃、親に連れられて遊びに来た思い出が、早川町で暮らすのもいいかな、という思いにつながっているようだ。孫にとって、祖父母がいる集落は見知らぬ初めての土地ではないし、集落の側からしてみても、孫は全く知らない人ではない。Iターン者が新しい世帯として集落に参加するのに対して、孫ターンの場合はすでにある家の一員や関係者として集落に入っていく。家屋や畑、山や墓などを管理したり引き継いだりすることもできる。氏子や檀家、村の共有財産に関する事柄に関しても、権利と義務が当然のこととして認められ、その義務は、祖父母と一緒に暮らす場合は、祖父母と一緒に果たしていけばよい。町で育った世代は、村で育ち町に憧れた世代とは異なる視点から、村のことを見ているように思われる。

5. 郊外育ちの他出二世として

町で育ち村に集う他出二世の存在を通じて、私自身の暮らしの見え方に変わった部分がある。郊外育ちの私に田舎はない、故郷はないと思っていたが、果たして本当にそうだろうか。私は、いつしか、町で育った他出二世に、自分を重ね合わせるようになった。

私は確かに郊外育ちであるが、同時に、父方から見れば鹿児島を出てきた他出三世であり、母方から見れば茨城から出てきた他出二世である。無味無臭かのように思っていた郊外的な暮らしの中にも、他出者としての側面がまだまだ残っていることに、改めて考えてみると気付かされる。

父方は、私の祖父母の代で故郷の鹿児島県を出てきた。故郷を離れタイヤの営業マンとして転勤を繰り返した祖父が、終の棲家として建てたのが、千葉県の新興住宅地にある一戸建てだった。本籍地とお墓は、鹿児島に未だ残してあり、お墓のお花は、ずいぶん前からそばの花屋にお願いしている。法事の度に鹿児島まで行くこともできないので、お寺は、鹿児島のお寺と千葉のお寺の二つの檀家に入っている。お正月になると、我が家の食卓には、曾祖母と祖母から母が教わった鹿児島風の昆布巻きとお雑煮が食卓に並ぶ。神棚と仏壇は鹿児島から持ってきたもので、祖母が亡くなってからは、朝夕のおつとめは父母の役割だ。

母方は、茨城県の霞ケ浦のそばで、代々その場所で暮らしてきた。私の母は結婚を機にその家を離れたが、今も祖母と伯父家族がその場所に暮らしている。田んぼの管理は随分前から近所の方に頼んでいると聞くが、それでも、母の実家から送ってもらうお米を食べて、私は育った。祖父母の家に行けば、春は裏山の竹やぶから生えるタケノコが、秋は親戚から頂く銀杏や干し芋が、小さい頃からの私の大好物だった。亡くなった祖父は私たちを喜ばせようとキウイやシイタケなどを熱心に作っていたし、祖母も当たり前のように畑で野菜を作っていた。

「郊外は新しく開発された土地であり、その土地固有の歴史や伝統をもたない（三浦、１９９９）。」

というのは、ある面では正しいが、一面でしかない。そこに集う人によって持ち寄られた、様々な故郷のパッチワークによって出来上がっているというのも、郊外のもう一面なのだろう。私の幼いころの団地暮らしの中に、同じ団地に住んでいた広島出身の人が広島風お好み焼きの作り方を教えてくれたり、秋田出身の人が実家から届いた山菜を分けてくれたりした、そんな場面が思い返される。

自分が今住んでいる地域にかかわることが難しいのならば、他出二世として母の故郷にかかわってみることはできないか。そんな思いから、母と一緒に、母の実家で畑を耕すことを始めた。祖母の年齢が80歳を越え、畑に出ることが少なくなってきた頃だった。畑をやりたいという気持ちは以前からあったが、近所で貸してもらえる畑を探すところまでは至らなかった。高速道路を使って片道1時間かけてでも祖母のところで始める方がよほど簡単なことに思えたし、どうせ耕すのだったら荒れかけている祖母の畑の方がいいという気持ちもあった。

初めてみてすぐに、身内であることの利点を実感した。わからないことがあれば、祖母や伯母に聞けばよい。近くの親戚の家に里芋の種芋をもらいに行ったり、畑仕事をよく知る方に助けていただいたりした。私たちがホームセンターで買っていった安物の鍬よりも、祖母の使っていた年季の入った鍬の方が、柄と刃の角度が使いやすいような気がした。畑の周りには、夏みかん、山椒、梅、キウイなど、色々な木々がすでに植えられており、大した手入れをしなくても季節ごとに何がしかの実りがあった。しかも、それを収穫するのに、遠慮が要らない。ご先祖が作り出してくれた環境の恩恵に、堂々とあずかることができる。

畑作業を始めて丸三年が過ぎた頃、私は滋賀県への就職と引越しを決め、畑は伯父家族に引き継がれた。短い、通いの、孫ターンだった。滋賀では官舎での一人暮らしが始まり、地域社会とかかわるきっかけを未だつかめないままでいる。

6. 村を見つめ直す

故郷と呼べる場所がないと思っていた私にとっても、母の故郷との繋がりがあり、父の故郷から引き継いできたものがある。都市住民も、見方を変えれば、その多くが他出者や他出二世・三世なのであろう。農山村の問題は、そこに住む人だけでなく、そこを出てきた多くの都市住民にも関係する問題なのである。将来山村にUターンして居住する他出者は、そう多くはないのかもしれない。しかし、茂倉においてそうだったように、他出者が住まずとも山村にかかわりをもち続けることは可能かもしれない。

山村の将来を考える上で、他出者やその家族は重要な担い手になり得る存在である。山村にとって彼らがどのような存在かを考えるばかりでなく、他出者やその家族にとって山村がどんな場所なのかを見つめ直す必要があるのではないだろうか。現代の暮らしにおいては、個人がそれぞれの生活圏を持ち、電車や車などを使って、そこを行き来しながら生活している（森岡、２００８）。働く、学ぶ、食べる、眠る、遊ぶ、といった生活の中の諸要素が、複数の場所や、かなりの広がりを持つ空間に散らばっていることは、今や珍しくない。茂倉の他出者にとっては、お盆や総人足には茂倉に帰ることが当たり前のことであり、畑仕事のために毎週のように茂倉に通う者もいた。山村集落もまた、他出者にとっての生活の場の一つとなっている。

茂倉には、お墓があり、先祖さんがいる。氏子になっている神社があり、檀家になっているお寺がある。先祖代々が耕してきた畑がある。手をかけることができ、恩恵にあずかれる自然環境がある。みんなで汗を流す機会があり、集落のため、人のために動けば、感謝してくれる人たちがいる。これらは、もしかすると、他出先の暮らしの中では十分に味わうことができないものなのではないかと思う[*5]。だからこそ、人々は、お墓参りに、祭りに参加しに、畑を耕しに、茂倉に戻ってくるのではないだろうか。生活圏の一つとして、ふるさとや実家を位置づけることは、大変さもあるだろうが、それ以上に、生活を豊かにしてくれることのように思える。

これまで農山村を支えてきた昭和ひとけた生まれ世代が、2015年には80歳を越え、人口、農業、集落運営のさらなる縮小と、伝統文化や技・知恵の喪失、土地所有の不在化が進むことが危惧されている（小田切・藤山、2013）。この「2015年問題（小田切・藤山、2013）」と時期を同じくして、「親の家を片づける」問題が大きく取り上げられるようになっている（主婦の友社、2013；週刊東洋経済、2014）[*6]。昭和ひとけた世代が高齢化し農山村に住めなくなったり亡くなったりした後、その家屋・農地・山林などを相続する／した彼らの子供世代（都市に住む他出者世代）の中には、それらの「処分」を検討している者もいるということだ。細々とであれ続いてきた他出者と出身村との関係性が、空き家の「処分」を通じて本当に閉じようとする段階が迫ろうとしているのかもしれない。空き家を売ることで利用したい人が利用できるようにしたり、老朽化した家を倒壊の危険がないよう解体することは一部では必要なことであり、２０１４年に成立したまち・ひと・しごと創生法、空家等対策の推進に関する特別措置法によっても推進されている。一方で、空き家を管理する負担ばかりが強調されると、空き家の解体ないし売却が極端に加速することが危惧される。実質的な二地域居住者として他出者が出身村に果たしてきた役割や、彼らが出身村に対して持っている思いをきちんと評価し、それが発揮されるための施策も、忘れてはならない。

町で育った世代である他出者や他出二世・三世自身が、農山村をどのように捉え、どのように生かしていくことができるのか。私自身にも、突き付けられた課題である。

注

＊1　２００８年8月2日。
＊2　２００９年6月11日。
＊3　２０１３年、２０１４年は、相撲大会は「休んで」いる。２０１３年は、相撲大会の日に神社に集まっての一杯飲みが行われた。
＊4　孫ターンという言葉については、初出は不明だが、ウェブ上などでしばしば使われている。研究者が使った例としては、小田切（２０１５）。早川町だけでなく、それ以外の地域でも、孫ターンの事例をしば

しば聞く（例えば、小田切、２０１４）。

＊５　梅屋（２０１４）は、東日本大震災で被災した人々にとって、仮設住宅が失われた家屋敷の代替物にはなり得ないものだと指摘し、「多くの被災住民が仮設住宅に入って最初にしたことは、仮設住宅には想定されていなかった神棚と仏壇を置く場所をつくることだった、と複数の方から聞いた」と報告している。

＊６　その舞台となる「実家」は、田舎のこともあれば、町中のこともあるから、一概に農山村の問題ではない。

参考・引用文献

網野善彦（１９９６）無縁・苦界・楽―日本中世の自由と平和、平凡社

梅屋潔（２０１４）その年も「お年とり」は行われた高倉浩樹・滝澤克彦編、無形民俗文化財が被災するということ、新泉社

大久保実香・田中求・井上真（２０１１）祭りを通してみた他出者と出身村とのかかわりの変容―山梨県早川町茂倉集落の場合、村落社会研究ジャーナル、17（2）、p6-17

大久保実香（２０１３）限界集落とローカルコモンズ　管理主体の一員としての他出者の役割、森林環境研究会編著、森林環境２０１３特集・地域資源の活かし方―人・自然・ローカルコモンズ、朝日新聞出版社

小田切徳美（２０１４）農山村は消滅しない、岩波新書

小田切徳美（２０１５）孫ターン、全国町村会コラム http://www.zck.or.jp/column/odagiri/2908.htm（２０１５

年3月14日閲覧）
小田切徳美・藤山浩（２０１３）中山間地域への接近―中国山地からの「創り直し」、小田切徳美・藤山浩編、地域再生のフロンティア―中国山地から始まるこの国の新しいかたち、農山漁村文化協会
主婦の友社（２０１３）親の家を片付ける、主婦の友社
週刊東洋経済（２０１４）特集実家の片づけ、６５４４号
増田寛也（２０１４）地方消滅―東京一極集中が招く人口急減、中公新書
三浦展（１９９９）「家族」と「幸福」の戦後史―郊外の夢と現実、講談社現代新書、206pp
三浦展（２００１）マイホームレス・チャイルド―今どきの若者を理解するための23の視点、クラブハウス、42pp
森岡清志（２００８）〈地域〉へのアプローチ、森岡清志編、地域の社会学、有斐閣アルマ

第３章

「田舎暮らし」のネットワーク

奥田裕規・井上 真

1．4つの地域の概要

第1章及び第2章でみたように、「田舎暮らし」を豊かなものとするためには地域社会の「内発的発展」を促そうとする地域住民による取組が欠かせない。この点を踏まえ、本章では、地域的広がりに着目して、具体的な事例をみる。

ここでは、「市町村」の範囲として、岩手県西和賀町沢内の「お年寄りや身体にハンディキャップを抱える人たちの暮らし」を守ろうとする取組と、山形県金山町における「美しい街並み景観」を守り、育てようとする取組を取り上げる。また、「集落」の範囲として、岩手県遠野市附馬牛町の山間集落における椎茸生産に必要なホダ木確保のための「コナラ林」整備と、同じ山間集落の「共用林」の環境を保全しようとする取組をみる。

(1) 岩手県西和賀町沢内の概要

沢内（2005年11月1日、沢内村と湯田町が合併して西和賀町となったが、ここでは旧沢内村を対象に調査した結果を記述しているので、以下「沢内」と記述する）は、西は秋田県大仙市、美郷町、北は岩手県雫石町、東は花巻市、北上市、南は合併前の湯田町と接している。奥羽山脈のなかに開けた盆地で、和賀川が北から南に貫流している。沢内の中央部を南北に県道盛岡横手線が通り、盛岡市、北上市、花巻市へは約60㎞、横手市へは約50㎞の距離で、自動車でいずれも1時間程度で到達可能である。

沢内は「生命尊重」を基本原則に、１９６０年に全国に先駆けて65歳以上の老人医療無料化を行うなど、保健医療・福祉に重点をおいた施策を行ってきた。特に、医療の面では、60歳以上（１９６１年度から）の老人及び1歳未満の乳児の医療費10割給付を実施し、また、福祉の面でも高齢者福祉センター「かたくりの園」を開設し、障害者の就労対策に努めてきた。

このように沢内では「生命に暖かい雪国」を目指した地域色豊かな行政が行われ、医療・福祉の村として全国的に知られてきた。

全国の平均的な山村人口（山村振興法上の振興山村のうち、全部山村）は国勢調査によると１９５５年の７９９１人をピークに、高度経済成長が始まった１９６０年頃から急激に減少し始め、１９７５年には５３４３人とピーク時の67％となり、それ以降も減少を続け、２００５年には３９０３人とピーク時の49％まで減少している。

沢内の人口は１９５５年の６７１３人をピークに急激に減少し始め、１９７５年には４８７８人とピーク時の73％に減少し、それ以降も減少を続け、２００５年には３６６５人とピーク時の55％となっている。ただし、冬の積雪が２ｍを越える厳しい生活条件のなかで、全国平均の49％と比較すれば人口減少の程度は若干緩やかといえる。一方、世帯数は１９７０年の１１４５世帯をピークに２００５年には１０８０世帯と微減傾向で推移している。

（2）岩手県遠野市附馬牛町の概要

遠野市は、民俗学者である柳田国男の「遠野物語」で知られ、岩手県南部に位置し、北上山地中最大の広がりを持つ遠野盆地に拓けた、遠野南部氏の城下町として古くから栄えた町である。盛岡市から国道３９６号線で南西に約60㎞、沿岸と内陸を結ぶ交通の要所に位置する。調査対象とした附馬牛町は、遠野市の最北端、早池峰山麓に位置する。

調査対象地である附馬牛町の人口は１９５５年の３４１７人をピークに、１９６０年の３３４６人から急激に減少し始め、２００５年には１６１８人とピーク時の47％まで減少している。一方、世帯数は１９６０年の５８６世帯をピークに２００５年には４４９世帯まで減少しているが、人口の減少程度と比較すれば緩やかである。

（3）山形県金山町の概要

金山町は、羽州街道沿いに開けた宿場町で、山形県の東北部最上地域に位置し、北から西に真室川町、南に新庄市、東に秋田県雄勝町と接する。１８７８年に東北、北海道を旅する途中立ち寄った英国地理学会特別会員イザベラ・バード（２０００）は、金山町のことを「非常に美しい風変わりな盆地、山頂までピラミッド形の杉の林で覆われ、北方へ向かう通行をすべて阻止しているように見えるピラミッド形の丘陵の麓にある町、ロマンティックな雰囲気の場所」と紹介している。

金山町の人口は１９５０年の１万２９９人をピークに、１９６０年の１万12人から１９７５年の

７９５９人（77％）まで急激に減少し、それ以降も減少を続け、２００５年には６９４９人とピーク時の67％となっている。世帯数は１９６０年の１７４７世帯をピークに、その後、横ばいで推移し、２００５年には１７２８世帯となっている。２００５年農林業センサスによれば、農業経営体は６４７経営体、林業経営体は１９３経営体、農業と林業を合わせて営む経営体は７４６経営体となっており、社会・経済的に第１次産業のウエイトの高い町である。

2. 地域のネットワークと内発的発展

(1) 沢内の暮らしを支えるネットワーク

沢内では、地域のお年寄りの暮らしを守るために、お年寄りの住む家の除雪サービスを行う「スノーバスターズ」のようなボランティアグループが活発に活動している。そして、沢内の「スノーバスターズ」の活発な活動に刺激されて、近隣市町村でも同じような活動を行うボランティアグループが生まれ、彼らが沢内にやって来て、沢内のお年寄りの住む家の除雪を行い始めている。また、ハンディキャップを抱える人たちの集まる福祉共同作業所の目玉事業として１９８５年の開所当初から実施されている「ふるさと宅急便」は、地域内で採取・加工された特産品を年４回、都市部に住む「ふるさと会員（「ふるさと宅急便」の契約者）」に送るものであるが、送られる特産品は福祉共同作業所が直接生産・加工したもののほか、「生活改善グループ」や「老人クラブ」など地域のグループが採取・加工した

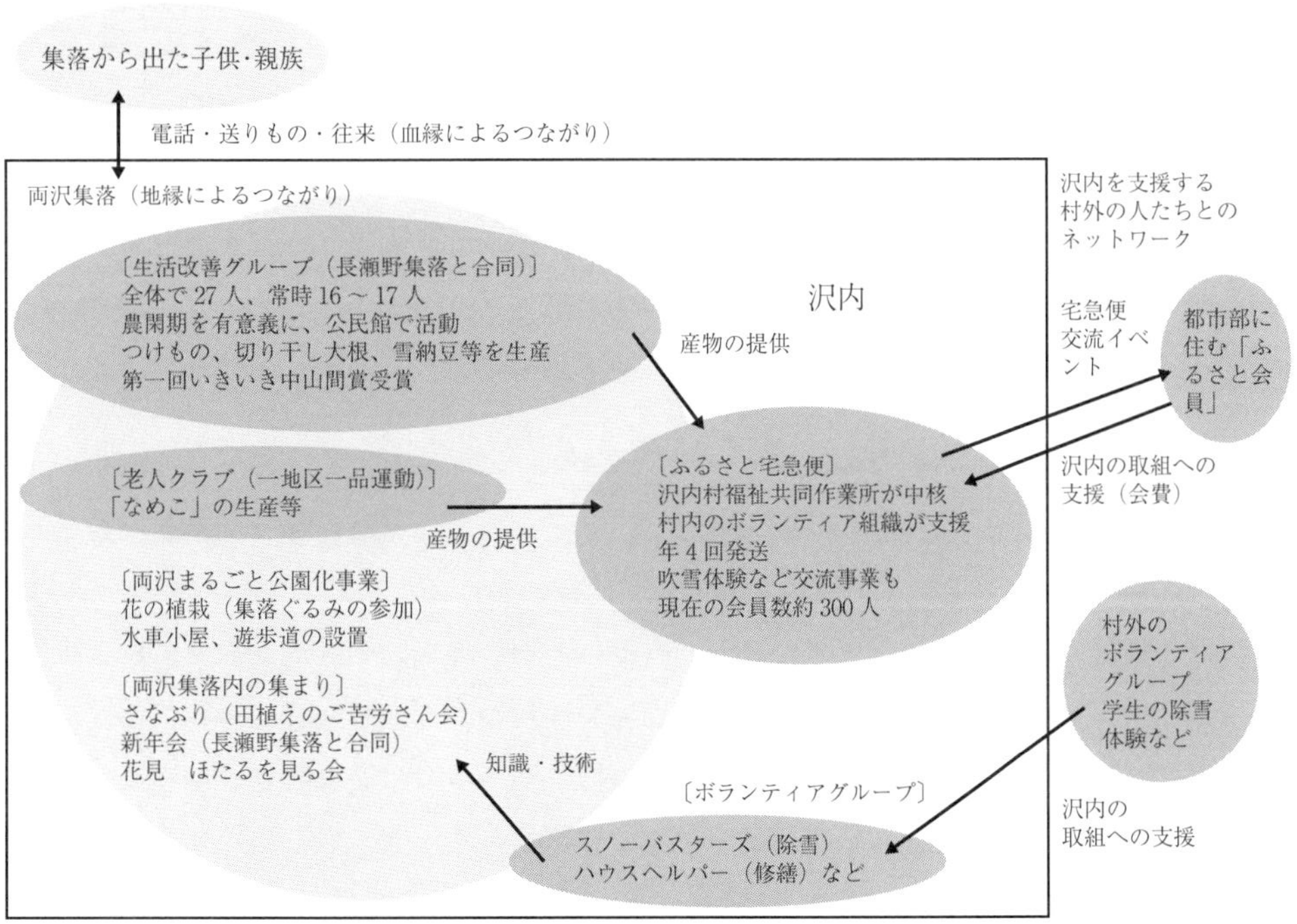

図３－１　沢内の暮らしを支えるネットワーク

山菜や手づくりの地域産品である。このように、行政が住民福祉の向上を目指した地域色豊かな独自の取組（医療・福祉の充実など）を行い、それを着実に継続・発展させていくための、地域内のネットワークをベースにした様々な取組が地域住民により活発になされ、それを支援するネットワークが、地域外・都市部の住民・グループへと広範囲に広がりつつある（図3―1）（奥田ら、２００１）。

ネットワークとは、個人や組織を表す点とそれらの点を繋ぐ線で構成されるものの総体であり、沢内の事例では、地域内外の住民やボランティアグループが、様々な形でネットワークを紡ぎ、そのネットワークの絆が強ければ強いほど、また、その範囲が広ければ広いほど、その取組は活性化する傾向にあった。このようなネットワークが、「お年寄りや身体にハンディキャップを抱える人たちの暮らし」を支える活動や「ふるさと宅急便」のような山村・都市交流活動を活発化させるという地域の〝社会変化〟をもたらし、地域社会の「内発的発展」を促している。そして、地域住民をネットワークで繋ぐものは、「そこで助け合うことで、地域の暮らしを豊かなものにしたい」という、強い「思い」である。地域住民が支えようとしている「お年寄りや身体にハンディキャップを抱える人たちの暮らし」は、地域の暮らしを豊かなものにするための大事な「コモンズ」となっている。

(2) 附馬牛町の椎茸生産を支えるネットワーク

江戸時代、山林原野は刈敷、厩肥、牛馬肥料、家作用材・燃料の採取源として、農民が生きていくうえで不可欠な存在であった。しかし、明治政府が行った土地官民有区分により、農民は、山林原野の入会利用から排除されていった。それまで入会利用してきた山林原野が国有林として囲い込まれた地域の農民は、愛護組合あるいは委託林組合をつくり、薪炭材や副産物の低額ないし無償の払い下げを国有林から受けることとなったが、これらの愛護組合もしくは委託林組合も、自給肥料から化学肥料への転換や燃料革命による木炭生産の衰退により、その多くが解体もしくは造林請負事業体に移行していった。

しかし、木炭王国を誇った岩手県では、衰退する木炭生産からパルプ材生産へと国有林材利用の転換を図るなかで、木炭生産を担ってきた地域住民を組織した国有林材生産協同組合（以下、国生協という）が、国有林から広葉樹林を買い受け、伐採し、生産された素材をパルプ会社へ販売する窓口として機能し、地域住民の暮らしを支えていた。だが、この国生協の事業量が、国有林野事業の経営収支の悪化のなかで減少してきたため、住民は、収入の確保のために、附馬牛町の椎茸の産地化に取り組み始めた。そして、ホダ木確保のために、椎茸分収造林組合を組織し、コナラ林を国有林内に整備する「国有林を共同で管理・利用しながら暮らすためのシステムづくり」（奥田ら、１９９９）に取り組んでいる。

附馬牛町では地域の生活を支える重要な産業である椎茸生産に必要不可欠なホダ木の確保のための地域住民を繋ぐネットワーク（図3―2の左半分）が、地域ぐるみの「コナラ林」整備を進展させるという〝社会変化〟をもたらし、地域社会の「内発的発展」を促している。地域住民のネットワークを繋いでいるものは、「地域で暮らしていきたい」という、住民共通の「思い」である。「コナラ林」は、

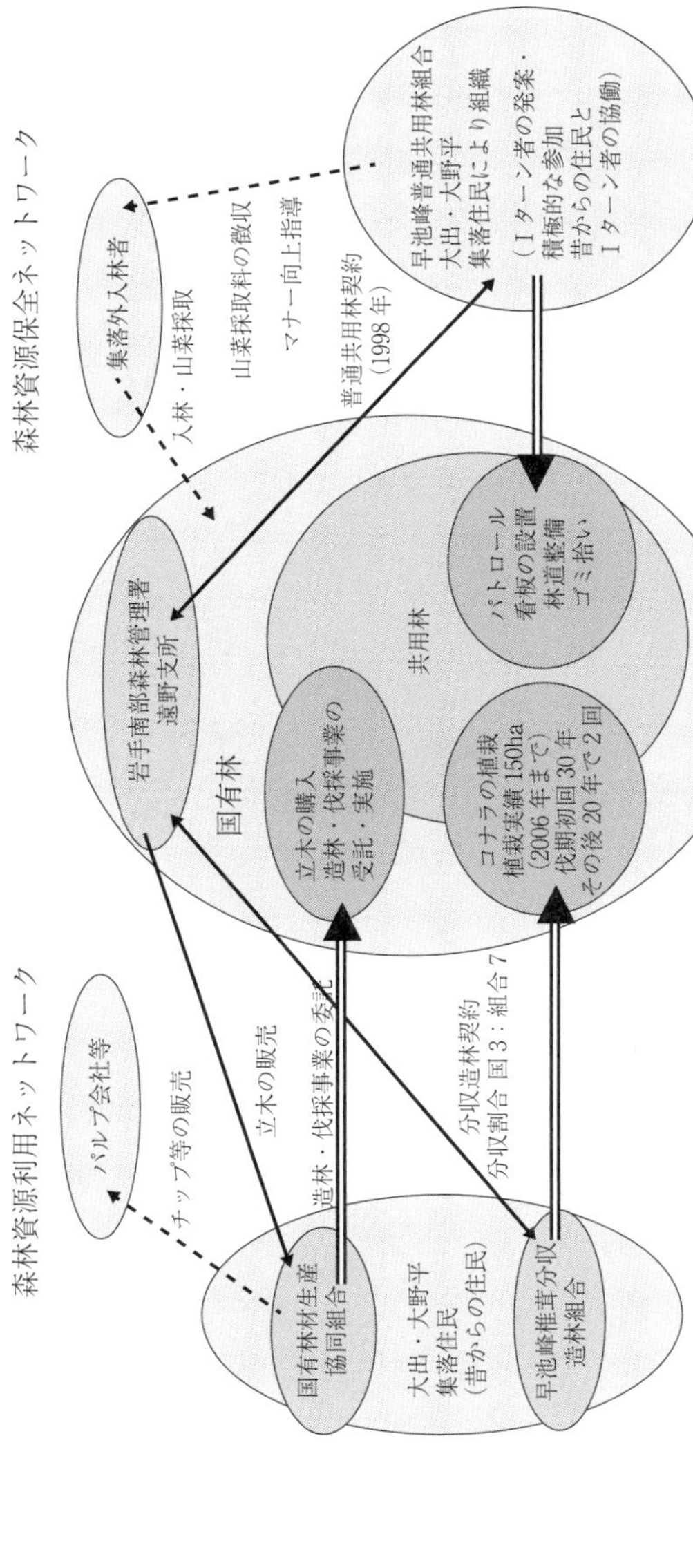

図3－2　附馬牛町の住民による国有林利用のネットワーク

地域で暮らしていくために不可欠な、なければ生活に困る、地域住民にとって大事な「コモンズ」となっている。この取組は、入会林野を、椎茸生産に必要なホダ木を供給する場として再度、地域で利用しようとする「コモンズ」再生の取組ということができる（奥田・井上、２０１２）。

（3）附馬牛町の森林保全活動を支えるネットワーク

附馬牛町の大出・大野平地区の住民は、国有林の協力や指導を受けながら、「早池峰普通共用林組合」を設立し、地域外の入林者から徴収した山菜・キノコ採取料を資金として、マナー向上を周知する看板を設置したり、道路脇の雑草の刈り払い等林道の整備や森の中のゴミ拾い、森の市、パトロールを行ったりするなど、環境保全活動に取り組んできた。ここでは、地域住民のネットワーク（図3―2の右半分）が、「共用林」の環境保全の取組を実現させるという〝社会変化〟をもたらし、地域社会の「内発的発展」を促している。

このネットワークを繋いでいるものは、「共用林」をゴミ捨てや山菜の乱獲から守り、「きれいな生活環境」のなかで暮らしたいという、地域住民共通の「思い」である。しかし、最近は、住民の参加も振るわず、採取料収入も減少傾向にある。「共用林」は、それが荒廃しても、直ちには地域で暮らしていくことに支障を生じない。つまり、住民が、地域で暮らしていくうえで、必要度の高くない「コモンズ」といえる。この取組を再び活性化させるためには、地域住民をその気にさせる、更なる動機付けが求められる。

写真３－１　金山型住宅が建ち並ぶ落ち着いた街並み

(4) 金山町の街並み景観づくりを支えるネットワーク

金山町商工会は、金山らしい街並みとそれに相応しい住宅（写真3―1）を探求し、金山大工の技術向上を図るための「住宅建築コンクール」を1978年から継続して実施し、金山町には「金山型住宅」がふさわしいという機運の醸成と「金山型住宅」の普及を図ってきた。一方、金山町は、1986年に「金山町街並み景観条例」を制定し、「金山型住宅」普及のための助成制度を設けている。

町民の多くは、住宅の建築・改築にあたって「金山町街並み景観条例」に即していれば、町から最高50万円の助成金が出ることを知っており、金山町らしい街並み景観のなかで暮らしたいと思い、町の景観・環境と調和した、「金山型住宅」を建てたいと思っている。このような町民は、家を建てるための

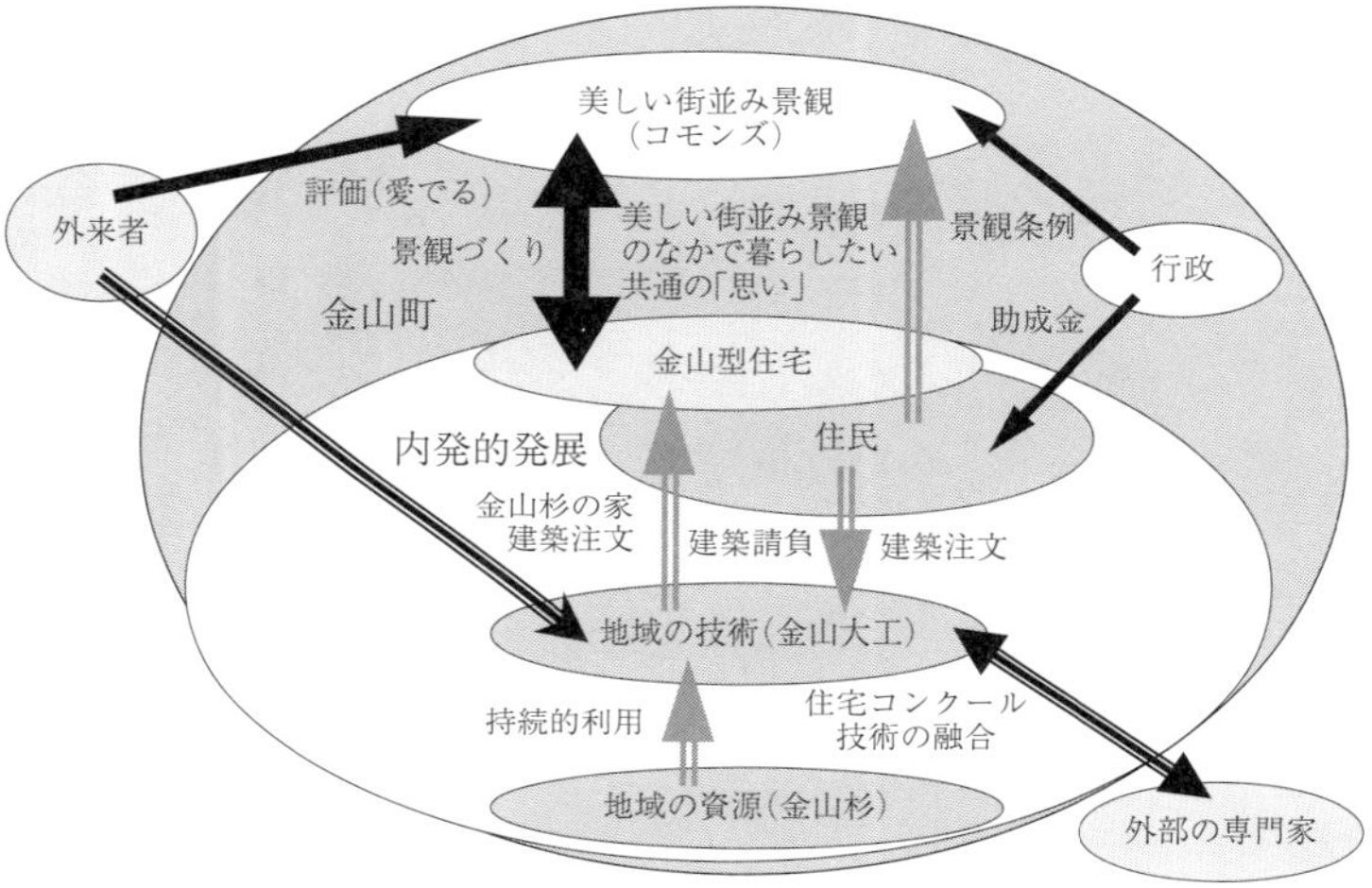

図３－３　金山町の美しい街並み景観づくりのためのネットワーク

相談に金山大工、設計事務所を訪ね、そこで「金山型住宅」を勧められ、「金山型住宅」を建てることを最終的に決める。

建築を請け負った金山大工は、町内の製材所に1棟分の製材品を注文し、注文を受けた製材所は町内の森林所有者から購入した金山杉から必要な製材品を生産する。森林所有者は製材所からの注文に応えるため、強度があり、加工がしやすい80年生以上の大径木生産のための森林経営を行っている。

このように、金山町では、町の伝統、技術、歴史、景観、資源状況のなかで、美しい街並み景観づくりと住宅建築が結びつき、町民の「金山型住宅」を建てたいという「思い」が、「金山型住宅」を建てさせている。

金山町には、町民、金山大工、設計事務所、製材所、森林組合、森林所有者、町役場を結ぶ「金山町の美しい街並み景観づくりのためのネットワーク」（図3―3）が形成されている。このネットワークが、住民に「金山型住宅」を選択させ、金山大工がそれを建てるという〝社会変化〟をもたらし、金山町の「内発的発展」を促している（奥田ら、２００４）。ネットワークを繋いでいるものは、「美しい街並み景観のなかで豊かに暮らしたい」という、住民共通の「思い」である。

しかし最近、「金山型住宅」という外見が似たような家に住むことに抵抗感を持つ人が、若い世代を中心に増えており、町の景観にそぐわない家を建て始めている。「美しい街並み景観」は、なくなっても地域で暮らしていくことには影響のない、「必要度の高くないコモンズ」といえる。地域住民が「金山型住宅」を建てることを通じて「美しい街並み景観（コモンズ）」を守り、育んでいくという取組が今後も継続していくか否かは、地域住民が「美しい街並み景観のなかで豊かに暮らしたい」という「思い」を持ち続けることができるか否かにかかっている。

3．変化するコモンズの必要度

本章で取り上げた4つの事例について、内発的発展を促すための「大切なもの」を守ろうとする住民共通の「思い」と「コモンズ」の必要度をとりまとめると、表3―1のようになる。

また、「内発的発展」を促そうとする地域住民と、彼らが守り、利用しようとしているものとの間の地理的な距離をX軸、また、彼らが守り、育て、利用しようとしているコモンズの必要度をY軸と

表３－１　「大切なもの」を守ろうとする地域住民共通の「思い」と「コモンズ」の必要度

区分	岩手県西和賀町沢内	岩手県遠野市附馬牛町の山村集落		山形県金山町
内発的発展の実現	地域内外の住民・組織のネットワークが、お年寄りの暮らしを守るための屋根の雪下ろし等のボランティア活動やハンディキャップを抱えた人たちの暮らしを守るための「ふるさと宅急便」のような「地域の暮らし」を守るための活動を展開 （着実かつ継続的に）	地域住民、国、県、国生協のネットワークが、国有林内にホダ木生産のための「コナラ林」を整備（着実かつ継続的に）	地域住民と国のネットワークが、地域外の入林者から徴収した山菜・キノコ採取料を資金として、マナー向上を周知する看板の設置、刈り払い等林道の整備、ゴミ拾い、森の市、パトロールを行うなど「共用林」の環境を保全するための活動を展開 （参加者も減少傾向で活動は停滞気味）	町民、金山大工、設計事務所、製材所、森林組合、森林所有者及び町役場のネットワークが、金山町における「美しい街並み景観」づくりのための、金山大工による、金山杉を使った、「金山型住宅」を建てる取組を展開（景観にそぐわない住宅もちらほらで、取組は停滞気味）
「大切なもの」を守ろうとする住民共通の「思い」とその「思い」の強弱	「地域の暮らしを守りたい」という「思い」	「地域で暮らしていけるようにしたい」という「思い」	「きれいな環境のなかで暮らしたい」という「思い」	「美しい街並み景観のなかで暮らしたい」という「思い」
コモンズ	お年寄りや身体にハンディキャップを抱える人たちの暮らし	コナラ林	共用林	美しい街並み景観
「コモンズ」を守り、育み、利用する取組の活発性 「コモンズ」の必要度	将来、年をとって、確実に自分自身の問題として帰ってくるもの ＝高い活発性 ＝高い必要度	暮らしていくために不可欠で、なければすぐに生活に困るもの ＝高い活発性 ＝高い必要度	直ちに生活に支障が出るものではないが、このまま放置すれば、荒廃が進み、いつかは支障がでるもの ＝高くない活発性 ＝高くない必要度	なくなっても直接生活にかかわってくる問題ではなく、そこで生活することの意味づけを与えるもの ＝高くない活発性 ＝高くない必要度

すると、４つの事例調査地は、図３―４のように位置づけることができる。

　オストロームを中心とするアメリカのコモンズ研究者は、外部者の排除が困難な、外部者が利用すれば、関係者の取り分が減少するような資源の、持続可能な管理制度の条件を探ってきた。それに対し、井上（１９９７）は、地域に住む人たちが利用しなければ生きていけない共有物、そして、利用する権利及び管理する義務に関する規律を自発的に定め、守ってきた共有物を「タイトなローカルコモンズ」、利用規制が存在せず、集団のメンバーなら比較的自由に利用できる資源を「ルースなローカルコモンズ」、アクセスできる権利が一定の集団に限定されない資源を「グローバルコモンズ」というように三つに分類したうえで、地域の実態に基づく資源政策論を展開し、「ローカルコモンズ」を持続的に利用し、育む仕組みとして、「協

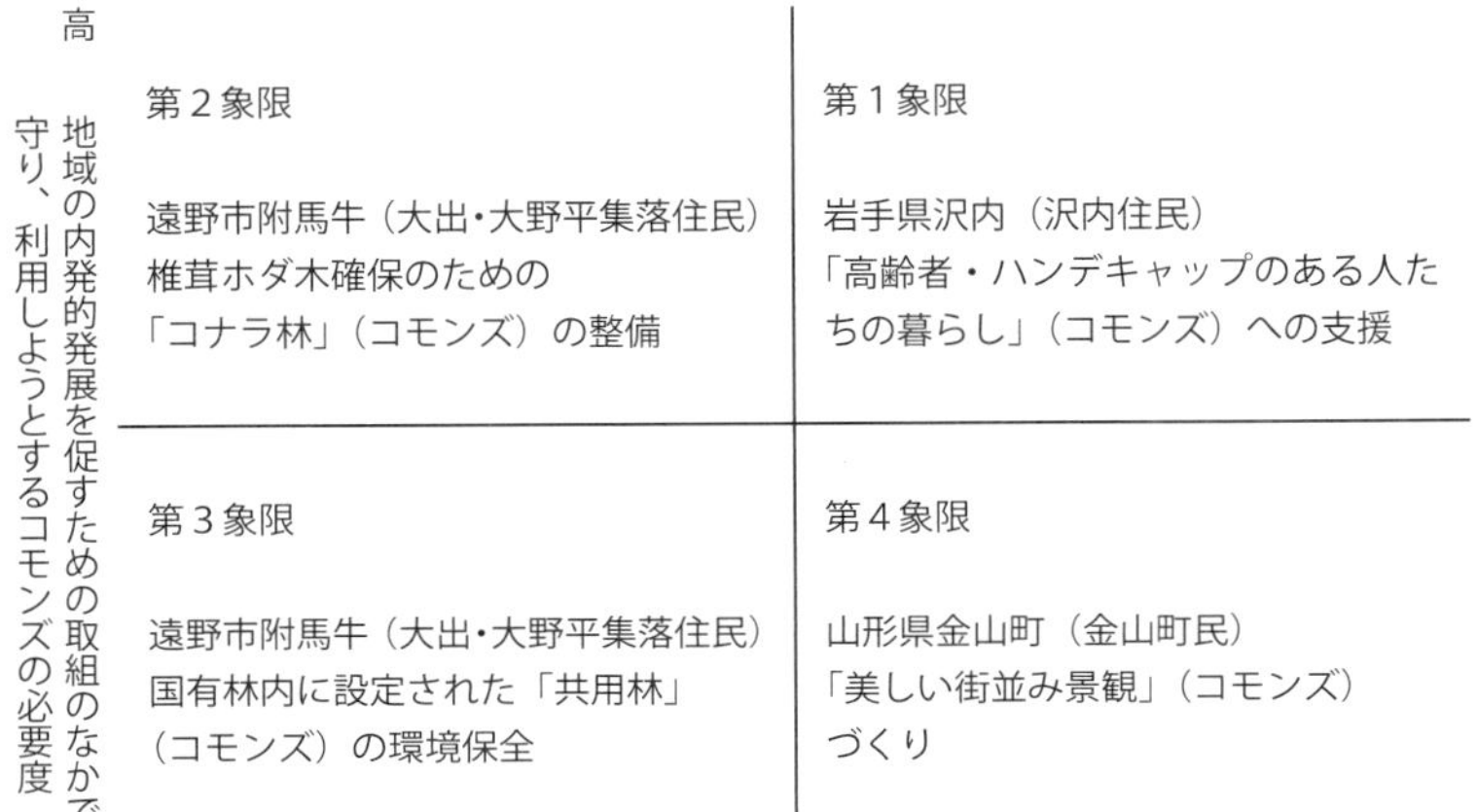

図３－４　調査対象地の位置づけ

治」を提案している。その「協治」が実現する条件として、当該地域の環境や資源を守り、育て、利用する取組が、地域の住民や組織の協働の取組であることを前提として、当該地域の環境や資源の管理、利用システムのあり方等について、地元以外の外部者にも発言権を認めようとする「かかわり主義」、かかわりの深さに応じて、それらの取組の企画・設計などの意志決定にかかわってもらう「応関原則」、そして、地域の環境や資源を利用し、育むにあたっては、あくまでも地元主体に、しかし、外部にも開く「開かれた地元主義」をあげている。

本章で取り上げた4つの事例は、いずれも「タイトなローカルコモンズ」の事例であり、調査結果から、「コモンズ」の必要度は、地域の住民・組織と「コモンズ」間の地理的な距離で決定されるものではなく、「大切なもの」を守ろうとする「思い」の強弱により決定され、その「思い」が強ければ強いほど取組が活発化し、育まれるべき「コモンズ」の必要度が高まっていくことが明らかになった。「内発的発展」とは、共通の「思い」を持った地域の住民や組織が、その「思い」の強さに応じて、外部者に取組の企画・設計などの意志決定にかかわってもらう（協治論でいう「かかわり主義」と「応関原則」）」ことによる〝社会変化〟の過程である。

「内発的発展」は、地域住民が共通に持つ「大切なもの」を守ろうとする「思い」で結ばれた人や組織のネットワークを土台とした「大切なもの」を守るための取組が活性化することにより、地域の〝社会変化〟が促され、実現するもの（図1—1）である。そして、「コモンズ」を利用し、育むにあたっては、あくまでも地域主体に、しかし、地域外にも開く、（協治論でいうところの）「開かれた地元主義」が求められる。このように、「内発的発展」に至る過程は、井上（２００９）のいう「協治論」と親和性が強い。

これまでみてきたように「コモンズ」の必要度は、「大切なもの」を守ろうとする「思い」の強弱により決定され、「思い」が強ければ強いほど、その「思い」を実現するための取組が活性化し、「コモンズ」の必要度は高まっていく。このことについて、次章以降でさらに考察していく。

参考・引用文献

イザベラ・バード（２０００）日本奥地紀行（翻訳：高梨健吉）、平凡社、529pp

井上真（２００９）：自然資源「協治」の設計指針―ローカルからグローバルへ―．環境ガバナンス叢書３、ミネルヴァ書房、p5-25

奥田裕規、井上真、久保山裕史、立花敏、安村直樹、山本伸幸、横田康裕（１９９９）地元住民による国有林利用の過去・現在・未来―岩手県遠野市山村部を例として―、林業経済 No.611、p27-34

奥田裕規、立花敏、大松美帆、久保山裕史、横田康裕、井上真（２００１）山村集落の生活を支える人的つながり―岩手県沢内村を例に―、日本林学会誌 83（1）、p47-52

奥田裕規、久保山裕史、鹿又秀聡、安村直樹、村松真（２００４）金山町における「住宅用木材自給構造」の成立要因について、日本林学会誌 86（2）、p144-150

奥田裕規・井上真（２０１２）山村の内発的発展を実現させるコモンズの役割―岩手県遠野市の山村集落を

事例に―、関東森林研究 vol.63 No.2、p17-20

第４章

コモンズの自治を取り戻す

三俣 学・齋藤暖生

はじめに

「大きな入会山のある山村は、どことなく落ちつきがあり温和さがある。」このような言葉を旅の民俗学者・宮本常一は著作の中で書き残している（宮本、１９８４）。筆者らが、２００８年３月頃から訪れるようになった愛知県豊田市稲武地区にも広大な入会山がある。標高約５００ｍの町の中心部には旧稲武町役場（現豊田市稲武支所）があり、山懐に点在する13の集落はそれぞれに風情ある景観で、常一の感じた温和さを彷彿とさせる。そして、なにより触れ合う人たちに人情味がある。

ところが、２００８年の春、筆者らが話を聞くにつれ、そんな温和さとはほど遠く、山も人も暗い霧に覆われている状況に出会うことになった。入会山をめぐって大きな問題を抱えていたのである。本章は、その入会山をめぐる問題の所在がどこにあり、その解決を試みようとする際、何が難点として立ち現れ、それに対し関係者がどのように尽力したかについて、その足跡を追う。そしてその「解決」について、同問題にかかわった筆者らも含め、批判的に振りかえることによって、今後の課題と展望を述べてみたい。

なお、筆者らはここまで「入会山」と表記してきたが、これ以降、すでに法社会学などの分野で定着している「入会林野」の用語を用いることにする。

1．問題の背景――地域の概要と財産区制度

（1）稲武13財産区の成り立ち

入会林野は、旧稲武町内13集落それぞれにある。2005年に豊田市と合併する以前に存在した稲武町は、1897（明治30）年に北設楽郡稲橋村と同郡武節村が合併してできた自治体であった。さらに、稲橋村は1889（明治22）年に近世村（自然村）である稲橋村・夏焼村・中当村・野入村・大野瀬村・押山村の計6村が、同様に武節村は、武節村・御所貝津村・桑原村・川手村・黒田村・小田木村・富永村の計7村が合併してできた自治体であった。すなわち、旧稲武町の13集落とは、近世村を引き継ぐものであり、それぞれ入会林野があり、それらが村独自の共有財産として歴史を通じ脈々と引き継がれてきたのである。ここではまず、それらがどのように引き継がれてきたかについて紐解いておこう。

旧稲武町（現豊田市稲武支所）に保管されている土地台帳によれば、1873年の地券公布当初は、「大字○○持」、「大字○○△△組持」などの形で登記されている*1。これら旧村や旧村落名登記がやがて財産区名義に変更されていくわけであるが、旧稲武町資料によれば、13財産区設立はすべて明治34（1901）年4月1日となっている。つまり、稲武町が成立して4年を経て、明治22年施行の町村制に基づく「区」（財産区の前身）の設置が行われた、ということになる*2。そのときに設置された「区」は、昭和22年にほぼ明治22年の市制・町村制の内容を継承した地方自治法が制定され、財産

区になったのである。旧稲武町では、地方自治法の規定に基づき、財産区設置条例（昭和24（1949）年）が制定され、13区中12区では財産区議会を、1地区では財産区総会が設けられ、地方自治法上の体裁を整えた財産区となっていく。しかし、それはあくまで「体裁」、「外装」にすぎない。というのも、稲橋村・武節村時代そして稲武町時代を通じて、13地区それぞれの入会林野の沿革を理解していた行政は一貫して以下に見るような各13地区それぞれの地区の慣習に基づく柔軟な入会林野管理・運営を当然のこととして認め、それを支持する形をとってきたからである。

（2）自治を支えた旧稲武町時代の財産区運営

13地区それぞれの財産区有林の面積を足し合わせると5016haにもなり、これは稲武地区にある森林のおよそ6割にあたる。このことの詳細は既報（齋藤・三俣、2010：三俣・齋藤、2010）に譲るとして、「体裁」あるいは「外装」の裏側にあった、各地区単位での財産区有林の活用実態について、簡単にみてみる。すべての地区に共通するのが、地区内の個人に「割山」と称して低廉に貸与する方法と、地区をあげて財産区有林に植林をして地区としての財産形成を図るという方法である。

前者においては、地区住民はあたかも私有地のごとく山林を使い、個人（世帯）の家計を潤すことができたが、地区を離れる場合には、その山林を財産区に返さねばならなかった。これは、山林の権利が地区外に流出しないようにする知恵であるという。

後者について、かつて見られたものとして、目的林と呼ばれるものがあった。それは消防のため、学校のため、橋の建築のためなどとして、財産あるいは資材の調達手段として財産区有林が活用された。まさに地区それぞれのニーズを反映した柔軟な活用策で興味深い。その後、財産区が直轄運営する山林として一括した運用がなされているが、地区の事業・活動の原資を得るために山林経営されている点は変わらない。これらの山林における植林・保育は、「お役」と呼ばれる共同作業によって担われてきた。この経験は、住民の記憶に深く刻み込まれ、のちにも触れるように、自らが関係する財産区への愛着を強いものにしている。

すべての地区ではないが、近年では、財産区有地を他の地方自治体あるいは企業に貸与することによって収入を上げている地区も多いが、財産区がその所有地の活用によって得た収入は、その地区における自治活動の原資となる。公民館の運営、地区のお祭り、老人会や婦人会の活動、各種インフラ整備など、広範に自治活動を支えるために財産区有林が運営されてきた。こうした自治的な山林の活用は、入会林野一般に広く見られるものであるが、旧稲武町時代の13地区では実質的にはこうした入会の慣行が財産区有林運用を支配してきたといえる。

ところが、２００５年、同町が豊田市に合併されると、この長年にわたる慣習的運用が認められなくなり、その自主裁量の幅を最小化する行政指導がなされ、豊田市と同地区13財産区の間に大きな亀裂が生じた。これこそが温和さを乱す暗い、そして深い霧の正体であった。

(3) 広域合併が財産区制度の矛盾を増幅する

暗い霧を吹き飛ばすためには、財産区とは何かを理解することが何より肝心になる。財産区制度の沿革は、先に述べたように、市制・町村制施行の明治22年にまでさかのぼる。時は明治時代。政府当局は、中央集権を進める一環として、新しい地方行政制度の確立を目指し7万以上あった江戸時代の村々(自然村・近世村)を合併することに躍起になっていた。ところが狙い通りにはいかない。その理由は旧村の入会財産(稲武地区でいうならば、前述した13の村それぞれの入会山)にある。合併市町村間で入会財産には差がある。合併後にそれぞれの旧村財産を新市町村に編入して「新市町村有林」として統合することは、とりわけ大きな財産をもつ村々にとっては受け入れがたかったのである。予想を上回る村々からの抵抗にあった明治政府は、合併後の新市町村下においても旧村が単位(財産区)となり、独自にその財産を管理・運営できる途を財産区制度として認めたのである。

しかし、その制度上の法的位置におけるあいまいさが後々の悲劇の種になるのである。財産区の管理者は所属自治体の首長であり、所有形態も公有形態(特別地方公共団体)をとるため、旧村たる財産区がその独自性を保ちながら管理していくことは、時に大きな矛盾となって立ち現れることになる。

全国的に俯瞰するならば、この矛盾を埋めてきたのは、第一に所属自治体の担当者の裁量であり、第二に条例や規則などによる入会慣行保全のための規定である(Saito, 2013)。旧稲武町時代に財産区の制度的体裁を整えながら入会慣行が温存されてきたのは、まさにこの第一の点によるものであった。行政の規模が、上述した財産区の歴史的沿革を知りうるほどに小さければ旧稲武町政時代のように、この矛盾を最小化する方向で調整し創意工夫を凝らしうる＊3。加えて、町内の13地区すべてに財産区が設置され、それぞれが地区の自治を強力に支えていた現実は、実質的には入会慣行によって財産区が運営されることへの町行政の理解を確実なものとしていた。しかし、合併を重ね巨大・広域化した行政においては、財産区について知らない行政職員が配慮できるはずもない。ましてや財産区を有してこなかった市町が新たに財産区を有する自治体と合併する場合、行政はこの扱い方に相当苦しむことになる。その結果、入会財産は市町村合併時に自治体財産としての財産区になるという入会公権論に拘泥した総務省（旧自治省）の見解や財産区の権能や地位を公の縛りのみでくくりうるという地方自治法下の財産区規定の最狭義的解釈に依拠しがちになるがゆえに、また、事実そのような指導が行政実例等を通じて積み重ねられてきたがゆえに、合併前の町村と合併後の行政主体との間で深刻な確執が起こるのである。稲武地区13財産区での確執もまた、平成の合併を機に、そのような元来の制度的矛盾を公の縛りでくくろうとしたゆえに立ち現れた問題なのである。以下でやや詳しめに同問題をみてみよう。

2. 稲武13財産区の悲劇

(1) 合併協議

上述したような制度誕生時にすでに内包していた財産区の矛盾を表出させないためには、合併前に、合併市町村間で合併後の財産区の地位や扱いについて、入念に相互確認しておくことがなにより大切になる。

周辺の旧町村とともに豊田市との合併を準備するための豊田加茂広域行政研究会が設置されたのは2002年のことであった。しかし、合併までの3年の間、この協議会で財産区の取り扱いについて踏み込んだ議論がなされた形跡はない。稲武13財産区でも、やはりそのような入念な相互確認に基づく取り決めはなされていなかった。むしろ、そのような必要はないと判断するのが当然の状況にあった。合併当時の稲武町長は、稲武町議会で豊田市との合併後も財産区に関しては「従前どおり」、すなわち「合併後の豊田市政下でも稲武町政下の財産区運用と変わらない」という説明を議会で行っていた。このことは、旧稲武町時代の財産区運営が極めて平和的になされていたことを示す事実と言える。いずれにしても、具体的内容の示されてはいない旧町長の説明のもと楽観的に臨んだことが、長年にわたり13財産区がそれぞれの財産について自らの判断でなし得たことのほぼ一切を喪失する元凶となっていく。

(2) 青天の霹靂

「従前どおり」の財産区運営ができたのは、わずか1年あまりほどであった。2006年に合併初年度(2005年度)の豊田市の会計が監査された際、財産区運営の根幹にかかわる問題が指摘され、財産区会計から各地区自治への財源充当に待ったがかけられた。その理由は、自治会、集落などの地域団体への各種補助は豊田市からすでに行っているのに、それに加えて市の財産たる財産区から補助金を交付することは二重補助にあたり、地方自治法上の「市と財産区の一体性」を損なうことになり、違法であるという理由である*4。このほか、行政実例に基づき、財産区財産（稲武地区の場合は基本的には山林となる）の管理目的以外の使途は認められないとの理由で、13地区の自治を財産区が財政的に支えるという根幹的な仕組みが崩れてしまった。これにより自治区活動は縮小に縮小を余儀なくされ、森林管理・運営方法はもとより、生活や自治能力の機能不全に陥った（詳細は、齋藤・三俣、２０１０を参照されたい）。

3. 問題解決に向けた打開策の模索

(1) 主導者や外部者頼みの初動

上述した事態の発生を受け、13財産区議長連合会長、稲武選出の市議らが中心となり、財産区制度の弾力的運営（原状回復）を求め、豊田市当局（主として財産管理課）との協議を始めた（２００６年11月８日及び12月８日）。さらに、稲橋や黒田などいくつかの財産区が独自に市への質問書あるいは要望書を提出していた。しかし、同市への陳情程度では改善の兆しは見られず、市長に対し要望書を13財産区議長連書にて提出する動きに出た（２００６年12月12日）。財産区の管轄当局である総務省に対しても要望書を提出し（２００９年３月27日）、財産区運営への支障、森林管理への意欲の低下、村落共同体の衰退について現状を訴えている。

２００８年4月からは、上述の市議、同財産区からの協力要請を受けた筆者らを含め、財産区制度の歴史的沿革や柔軟な運用例等、全国の財産区の現状等に関する学習（13財産区議長連絡協議会主催：２００８年4月14日）を開始した。オンブズマン等の行政監視が強まる昨今、きわめて解釈の難しい財産区運営に慎重にならざるを得ない市当局の置かれた立場も考慮に入れ、２００９年5月より、法学者・鈴木龍也（龍谷大学）氏の参画を要請し、法的側面からの同財産区運営のありうる解決策の模索も始まった。これらの会合や研究会では概して、全国には財産区の柔軟な運用を制度的に構築している例が多々あること、それらを踏まえ考えられうる柔軟な運用方法を様々な角度から検討するというものであった。

他方、同問題に折り合いがつかない場合が容易に想定されたため、入会権存否確認にかかわる実態把握を行うべく、筆者らは13地区において悉皆調査を実施した（２００９年4月16～18日、5月27～29日）。その結果、稲武13財産区はそれぞれ旧財産区に多い「実質入会・形式旧財産区」の典型（つまり民法２６３条の共有の性質を有する入会財産）であることが推定される結果を得た（三俣・齋藤、２０１０）。この調査結果がかなり明白であったがゆえに、筆者らは同地区にかかわりはじめた２００８年度当初において、同問題の打開策は同市当局（管財課）との話し合いによって比較的早く見出せるだろうと考えていた。

ところが、その後、この問題解決（２０１０年）には想像以上の時間を要することになる。その原因は、結論で考察することとし、次に一つの打開策として筆者らが試みたワークショップについて簡潔に触れておく。

（2）ワークショップの試み

上述したとおり、13財産区議長連合会長、稲武選出の市議、そして豊田市役所稲武支所職員は、度重なる陳情活動、研究会、懇談会などを行い、筆者らもこれに参加するなどしてきたが、同時に「問題解決に不可欠であるが同地に足りない何か」を感じていた。それは、13財産区間に存在する同問題に対する認識の温度差、一財産区内にあっても議員間の思いや考えのズレがある、という一つの結論に筆者らは達した。そこで筆者らは、ともに経験のないワークショップというやり方で問題の所在を捉え、同地区の一人でも多くの人が、財産区問題に対する認識を深められるような場を持つような試みを実行した。

・第1回ワークショップ

第１回ワークショップは、稲武地区が抱える財産区問題についての認識を共有することに目的を据えた。２００９年９月６日、稲武中学校体育館に80人ほどの財産区議会議員、自治区役員、そして市の当局職員も出席した。まず、稲武地区唯一の市議会議員より話題提供が行われた。その内容は、①財産区制度の経緯と性格、②稲武町時代に柔軟な財産区運営ができた背景、③豊田市合併後の問題の背景、④豊田市当局の方針は必ずしも一般的なものではないこと、⑤財産区は稲武地区の地域づくりの根幹と位置付けられること、⑥広域化した地方行政下での、地域の主体的な取組の重要性について、認識を共有しようというものであった。

参加した財産区議会議員、自治区役員からは、自治区運営の窮状や、先祖から受け継いだ財産の自律的運営ができない現状に対する嘆きなどの発言が相次いだ。目についたのは、筆者らに「先生方に早く解決してほしい」という他力本願的姿勢であった。もちろん、解決に助力するために筆者らは同ワークショップを開催したので、このような意見があって当然であり、このような思いは、同財産区の置かれている状況がいかに厳しい現状であるかを示す切実な声でもあった。

第1回目のワークショップは、総じていえば問題の所在を明らかにするというより、当事者の意見・愚痴をまずは発してみることが狙いであったが、発言者はそれぞれ自分の知りうる歴史・現状についても語りはじめたこと、また「今何とかしなければならない」という強い意志表明が一部の人たちから出てきたことは、問題の共有化作業に向けて重要な機会になった。他方、問題を深刻にしていた市当局の参加は貴重であったが、彼らからの質問や発言がなかったことは非協調的対応に映るものであった。

・第2回ワークショップ

2009年11月26日、稲武中学校体育館で第2回ワークショップを開いた。第1回目と同様、財産区議会議員、自治区役員およそ80人が集まった。第2回目は、具体的な問題解決方法について考えるきっかけをつくることを目的とした。同ワークショップでは、市会議員が前回の話題を簡単に整理したあと、筆者らが研究者の立場からの話題提供として、これまで他地域における財産区調査から得てきた「柔軟な財産区運営」の事例を紹介した。地元の慣習を尊重した財産区運営を成立させている事例では、担当職員の裁量、もしくは条例・規則・覚書などがなされており、それを踏まえれば、一つに市担当者との交渉を重ね従来通りの財産区運営への理解を得ること、二つに条例等により従来通りの運営ができるような規定を設けることが解決の方向としてありうることを提示した。

これに対し、複数の財産区議会議員、自治区役員からは、市担当者の理解を得るということは、もはや全く望めないと思っていること、加えて、訴訟を起こす道を模索すべきである、という発言が次々と出てくるようになった。これは、後述する財産区議会議員の他地域での視察活動や2009年6月15日から財産区問題が議題に挙がった地域会議（後に詳述）での議論の成果であるともいえるだろう。

当事者からこのような活発な意志表明がなされたにもかかわらず、筆者らはそれに水を差すような形にもなったのだが、近年の入会をめぐる「恥知らずの判決」（中尾、２００８）の事例をあげ、そのリスクについて話をした。より具体的には、裁判官の入会に対する理解が十分でなく理不尽な裁判結果に終わる可能性もあること、提訴の仕方次第では、地域内に深刻な対立構造ができる可能性についての言及である。

第2回ワークショップ後、財産区に変化の兆しが現れた。それは、13財産区のなかには自ら行動し情報を得ることを通じて、今後の解決策を練ろうとする能動的動きへの転換とも解しうる変化であった。ワークショップ後、3つの財産区が、他県の財産区を有する自治体に視察に出て、情報収集を始めたのである（黒田財産区が茅野市湯川財産区を視察・押山財産区が郡上市下川財産区を視察・稲橋財産区が枚方市津田財産区を視察）*5。

（3）自らの問題として主体的な動きを見せ始めた財産区

①独自路線の歩みを模索する押山財産区

２００９年11月20日、豊田市役所稲武支所職員2名、押山財産区議会議員及び同自治区役員10名が、郡上市美並地域下川財産区を訪れた。２００４年に郡上市と合併した美並村を構成する旧村9村は、その誕生時に財産区を設立し、郡上市合併後もそのまま財産区を引き継ぐ形をとった。旧下川町名義で残る入会林野（貸付林）が各9集落にある同地域での同入会林野の地縁団体化の動きを視察するため、押山財産区議会議員が同地を訪問したのである。というのも、押山財産区は同財産区を解散し、認可地縁団体（地方自治法２６０条2から38）化の模索を追求し始めたのである*6。押山財産区議会議員は、地縁団体化することの利点と難点について、必要になる行政上の手続き、税制面、議会との関係など様々な角度から聞き取る一方、稲武13地区との歴史的背景・現状の相違を説明しながら、下川財産区に稲武地区の解決策について意見を求めている。その克明なやりとりが、同視察後に稲武支所職員によって提出された復命書（復２００９年12月7日付）*7の中に記されている。以下に興味深いやりとりを抜き書きしてみよう。

・市議会議員に対しどうすれば財産区への理解を得られるか、という豊田市稲武支所職員の質問に対し、郡上市役所職員（同市美並地域振興事務所長兼地域市民課長）は、財産区という存在自身が、かつての行政上の指導で名義を財産区としただけという認識をもっており、市議会に対しては「国策でそうなった。名義が変わっているだけという話をしただけ」と答えている。先にみた財産区の沿革からみれば、実に正鵠を射る回答である。高圧的対応を崩さない豊田市においては、同上の正論は通用しないだろうという認識を両財産区議会議員が共有していることは興味深い。

・同視察での会合前半部のやり取りにおいて、稲武地区の状況を聞いた下川財産区管理会委員は、稲武13財産区のうち押山地区だけが地縁団体化することに対し「全部地縁団体にしたら自由に使えていいと思う」と述べる一方、稲武支所職員からの「ただ稲武全体で考えると、押山だけが地縁団体になると、たたかれるようになる。そういうこともしたくない。地域全体で物事にあたりたい」という意見を受け止め、「市議会を動かすとなると、よほど旧自治体がまとまる必要がある」と述べ、押山財産区単独での動きに理解を示す一方で、他の12の財産区との足並みをそろえることが、市議会の理解を得るうえで重要になるとの認識を示している。

②黒田財産区の模索：「自治体全体にとっての財産区の価値の発信の必要性」

一方、同年12月13日には黒田財産区議会議員８名、豊田市議会員、稲武支所の職員２名が、長野県茅野市財産区を訪ねている。同財産区は東京に比較的近いことから、温泉・旅館等の開発が進み、同市自身が財産区の恩恵（財産区のみで年間約10億円の土地貸借料収入）に浴している状況にあり、豊田市と稲武地区との関係とはかなり異なっている。同財産区もまた、かつてのように財産区から自治区に地域振興費等を直接充当する方式（旧来的な財産区の裁量度の高い方法）でなく、市に特別会計を設置しそこを経由して自治体の公的事業の一環として自治区予算に組み入れる形をとっている。

残念ながら、同視察についてのやりとりの一部始終を記した記録はないが、稲武支所職員が「視察所管」として次のような感想をまとめている。「財産区の在り方を考える際に共通することとして、地方自治法第２９６条の５①に規定された財産区の財産処分における福祉や一体性の捉え方は、財産区の存する個々の自治体での占めるウェイト（財産区の区民人口、面積、財産区収入の規模、財産区の関与する事業の自治体全体へのメリット、意義の程度など）の影響を受けると感じられた（中略）新豊田市において、稲武の財産区民が合併前に行われていた運営の実態だけを根拠に、従来同様に自らの身の回りだけを見た財産区運営、財産処分を求めて、財産区が豊田市全体にとって価値があることを42万市民に示さないなら、特別地方公共団体としての意味はすでに失われているといえるだろう」。（復２００９年12月15日付）

③稲武最大規模を誇る稲橋財産区の模索：「一体性の担保」

また、同年2月1日に稲武地区最大の入会財産を有する稲橋地区も、財産区議会議員7名、自治区員6名、市議会員、支所職員2名で、大阪府枚方市の津田財産区を訪問している。同訪問においても、財産区について幅広く意見交換がなされているが、とりわけ行政実例等が要請する「市町村の一体性」の担保のしかたについて、同財産区の方法を聞き出している。つまり、財産から発生する収入の20～30％を市の一般会計に繰り入れ、それをして一体性を担保するというやり方である。この方式は取り立てて珍しいものではなく、多くの財産区が同種のやり方を採用しているが、稲武支所職員は「これにより市全体の一体性、合意が図られており、市議会の同意は得られているものと思われる」（復２０１０年2月5日付）とし、稲武地区においても同様の方法で一体性を担保しつつ自治区への補助金を支払えるのでは、という所感を綴っている。

以上のように、ワークショップ終了後、各財産区で内発的な解決法を模索する動きが出てきた。この動きを通じて稲武地域として留意すべき点、解決策への提示法などに輪郭が与えられていくことになる。

（4）妥協点の模索への道から「問題解決策」としての条例制定

・最後の砦：豊田市稲武地区地域会議というチャンネル

豊田市は合併前の地域をおおよその単位として地域審議会制度を設けている。この審議会は同市で地域会議と呼び、その設置目的は、「地域社会の住民自治力（地域力）を高め、行政とのパートナーシップのもとで最も効果的・効率的に地域課題の解消を図り、自信と誇りのもてる地域をつくること」にある（豊田市地域会議ウェブサイト）。その法的裏付けは、２００５年9月30日に制定された地域自治区条例（条例第93号）を根拠にしており、稲武地区も他の豊田市下にある他の26地区と同様、２００５年に地域会議が設置されている。20名で構成される地域会議の委員は、旧稲武の各13地区から選出されている。地域会議の委員には13財産区議会議員もいるが、婦人会、ＰＴＡ、青年会、商工会など財産区問題に直接かかわっていない委員もいる。この地域会議は、上述の条例により、「市長の権限に属する事務を分掌させ、及び地域の住民の意見を反映させつつこれを処理させるために」設置されており、豊田市の自治機関としてフォーマルな位置づけを有している。それゆえ地域会議は、「市長等から当該エリアにかかる重要な行政施策などについて諮問を受けるほか、自主的に当該エリアの地域課題について協議し、地域で課題解決できる道を探る」ことができ、また「事案によっては支所長等に意見や提案を表明でき、その意見や提案を全庁的会議で妥当性や具体化の方策等について検討し、採否と見解を回答」できるとされている（豊田市都市内分権の推進ウェブサイト）。

最終的に、稲武地区13財産区は財産区問題を同地域最大の課題に位置づけ、市議会・市総務課にしかるべき解決を申し出る選択を行った。議事録をたどる限り、合意に至るまでには、２００９年6月15日の会議で当時の連合議長により同問題の発端及び経過、解決の緊急性が同会議で説明されてから、最終的に委員任期最終年の２０１１年3月末日直前（２０１１年2月15日）まで、少なくとも9回にわたって議論を重ねている。

そこでの議論は時に激しいものであり、財産区や当該地区の苦悶を知ることができるとともに、地域が複数の制約下において、実現可能な同問題の解決策を図っていく様子がうかがえる。数多な議論を経て、絞り込まれた解決に向けた諸点を以下にまとめてみる。

・13財産区全体での対応か、個別財産区での対応か？

個別財産の正当性を語る意見も多く出る中、人口減少及び高齢化する財産区の実態を踏まえつつ、「地域会議が扱う地域課題は小さなものより大きなものがよい。こうしたほうが地域が良くなるというようなものを提案すれば市当局が真摯に受け止め対応を考えてくれる。夢のある、上のほうを見たものにしたい。」、「各種団体、区長さんに限定せず、まちづくりの夢を語ってもらうことはできないか。」、「長期の目標がいる。ビジョン。５年、10年、20年経った時に、どんな町にしたいか。まず話を聞かないと。若いお母さんたちから話を聞くとか。みんなが方向を共有しないといけない。大きい青写真がないと。」、「〝これからの人〟達から意見が聞きたい。」などの意見があった。（議２００９年12月15日、p5）[*8]

地縁団体への移行を模索するなど、財産区が個別対応で解決を図ろうとする動きについては、すでに述べたとおりであるが、最終局面に近づくにつれ、13地区全体で地域の総意（地域会議での提言）として、打開策の検討を進める動きが強まっていった。

・財産区の収益使途の範囲と方法

そもそも入会（各集落による私的財産）であれば、財産区財産を市の会計に繰り入れてから各自治区事業へ支出する必要はない。それこそが「稲武町政下の〝従前どおり〟の財産区運用形態」であるという主張がなされる。しかし、市当局は地方自治法に基づく財産区としての位置づけを崩さないことこそが柔軟な制度構築に不可欠であるという姿勢を崩すことはなかった。そのような状況下にあって、地域会議の委員からはより具体的な線引きを行ってでも、財産区財産の使途の柔軟性を回復していくことを模索する意見が多く出されていった。

例えば、「合併前の財産区はこういう費用でまかなってきたという例示、小学校を建てるときや消防ポンプを買い換えただとか、自治区の運営費やコミュニティの費用もまかなってきた。神社費とか役員手当など、選択肢ごとの問題を出す。使途の制約があるなら、どこまでいいのか悪いのか示す。折り合うところを探していかないといけないのでは。」（議２００９年12月15日、p3）などである。しかし、他方では「自分たちが働いて得たお金を自由に使えないのはおかしい。提言書にするならもっと議論しないとまとめられない。」、また別の委員からも「合併で市内一律に他の地区と同じ扱いというのは、先祖が残してきた財産を取られるような気がして理不尽な気がする。」（同上）とあり、従来通りの「財産区からの自治区への直接交付方式」を望む声が議事録上で最後まで確認できる。これはお役（年に数回実施される共同労務）に出た自分たちがつくり上げてきた「私たちの財産」という当事者らの認識を示す重要な発言である（同議、p4）。このことは、先述した13財産区悉皆調査においても同様に確認されたことであった（三俣・齋藤、２０１０）。

・条例策定による打開策：豊田市財産区まちづくり支援条例

上述した経緯を経て、２０１０年度における稲武地区地域会議の最重要課題として財産区問題の解決が位置づけられ、用意されている仕組みの中で最も強力な手段で解決をはかることになった。折しも、２０１０年度当初、市内の財産区を主管する財政課には新しい課長が就任した。これまでの市当局の見解とは打って変わって、同課長は財産区の資金を地区の自治に充当してはならないとするそれまでの市当局の解釈の誤りを認め、旧稲武町時代と同様な財産区運営を可能な限り豊田市下においても実現するための方策として条例の策定に着手した。作業は急速に進展し、２０１１年３月31日付で「豊田市財産区まちづくり支援条例」が制定された。

条例は、（ア）地方自治法上の財産区という位置づけを明確に定め、これに則った財産・収益の使途・処分を定めている点（第１条）、（イ）財産区の施策実施に際し、市は財産区の自主性及び自立性への配慮努力が求められる一方、財産区側には外部主体との連携と協働を求められる点（第２条）を原則に置く形をとっている。また、同地区財産区において最大の問題となった財産区財産の使途については、（ア）一方で市長との事前協議を条件に置き、（イ）他方で市長には「当該財産区の歴史的背景、財産区制度の沿革、財産区の社会的機能その他の事情」への配慮を課している。この前提を踏まえ、次のような事業内容につき、財産区財産（収益）の使途を可能とするものとなった（第４条）。

㋐住民の健康及び福祉の増進を目的とする事業
㋑生活環境の改善を目的とする事業
㋒教育及び文化の振興を目的とする事業
㋓産業の振興を目的とする事業
㋔環境の保全を目的とする事業
㋕交通安全、防災、防犯等の住民の安全の確保を目的とする事業
㋖住民の自治活動の伸長を目的とする事業
㋗都市と農山村との地域間交流の促進を目的とする事業
㋘前各号に定めるもののほか、市長が特に必要と認める事業

市長が必要と認める場合には、財産区域以外での事業にも財産区資産を充当することができる（第4条2項）と規定しているが、当該財産区と市長との事前協議がその必要条件とされる（同上）。また、財産区をめぐる様々な問題が生じた場合等に備え、豊田市財産区審議会の設置が市長の諮問に応じる形で設置できるものとされた（第5条）。

総じていえば、地域会議や財産区議長連合会の意見を反映させた形をとり、財産区の主体性を確認し、幅広い財産区収益の使途の道が開かれると解しうる条例の内容となっている。

市の会計を経て自治区に収益充当される形であるという点では「従前どおり」ではないが、この新たな条例の下で、13財産区はそれぞれに創意工夫を凝らした事業を展開し始めている。平成23年度の

事業から早々に再開した自治区への交付金は、地域自治を促す重要な原資として用いられる仕組みが事実上戻ったことになる。

例えば、稲橋財産区では、同地区に居住することを条件に、財産区有地を安価に貸し出す地域定住化事業を開始し、そこで居を構えた若夫婦の新しい暮らしが始まっている（２０１３年度三俣ゼミ４回生、２０１４）。他地区でも、従前に近い財産使途の回復により財産区を活かした取組が進められつつある。稲武地区は豊田市に合併してから市内への人口移動が活発になり、合併当初３１５４人を数えた人口は、現在２５５９人（65歳以上が40％を占める）にまで減少してしまった。一定人口の維持が同地域の焦眉の課題になっている。このような原状回復に近い措置は当該地区にとってきわめて大きな意味を持つものとして評価できるだろう。

4. 残された課題——財産区の制度的限界

稲武13財産区は、全地区の足並みをそろえた交渉及び財産区解消を通じた他運営形態によるデメリット（他主体への移行にかかる費用やリスク、移行後の課税等の運営上の問題など）[*9]を熟慮・勘案した解決策を探った。同市もまた財産区の公的位置づけを解消する方向ではなく、地方自治法や行政実例などと大きく齟齬をきたさない範囲で、稲武町政下の財産区運営（財産・収益使途）に近い形で条例化することを決めた。

双方の大きな努力によってひとまずの解決をみ、財産区に少なからず活気が戻りつつあることは同問題にかかわったものとして素直に喜びたい。しかし、次の諸点について、なお残る疑問をあえて記しておきたい。それは、同制度の脆弱性が容易に露見しかねないという懸念があるからである。加えて、このような決着に至るまでの筆者らのかかわりに反省すべき点があり、それらを総括しておかねばならないと考えるからである。

(1) 意思決定プロセスについて残る疑問

地域会議が財産区問題を稲武地域最大の解決すべき問題として提起することを決するに至る最終局面において、地域会議の委員から市当局に直接申し入れする機会を持つべきだという意見が出されている(議2010年2月28日、p2)。地域会議委員にせよ、財産区議会議員にせよ、直接、市当局との折衝を行った形跡はほとんどない。地域会議の委員から支所職員に対し、「正式に、今まで通り使わせてほしいという要望はしたのか?」、「財産区議長連絡協議会の中身は市に報告されているのか」[*10]という意見がそれを裏づけている(同議、p3)。

結局、最終局面においての折衝に市当局と財産区議会議員及び地域会議委員の双方が顔を合わすことなく、同市総務部で原案策定した条例制定において決着をみた、ということである。深刻の度を極めた同財産区問題であるが、結局、「市としては、条例の設置をもって回答とさせていただき、その状況をこの場を借りて説明報告させていただくものとする」(議2010年2月15日)と事務局が述べて終焉を迎えたのである。

財産区議長連絡協議会が「従前どおりの使途」の要望を、地域会議が問題解決の迅速な解決を図る要望を、そして稲武支所が市当局との交渉窓口を担うという機能分担戦略は賢明であるとの総意がある程度あったのかもしれない。しかし、上述のような意見がなお最終局面において複数出ていることは重要なことである。というのも、先述した財産区視察で学んだ旧自治体（稲武13財産区）がまとまり、それを議会に諮っていく姿勢の担い手は、ほかならぬ財産区のはずである。たとえ、稲武支所がきわめて稲武財産区民に近い理解と姿勢を有していても、支所職員はまた豊田市役所職員に相違なく、それゆえの限界があると考えるべきである。そして、そのような限界を露呈しているのが、解決に向けての審議会設置についてである。地域会議においては、条例策定（事実上の決着）の前に審議会の設置（常設）を行う方向で議論されていた（議２０１０年3月10日）。ところが、実際にはそれは設置されなかったのである。これについて委員から質問が出たが、明確な理由が支所職員から示された痕跡はない（議２０１０年11月16日）。ただ、「今後財産区の取り扱いに関し、疑義や紛争が生じた場合などには、必要に応じて審議会等を設置できるように制度設計していく」（議２０１０年11月16日、p3）ということだけが議事録に残っている。次なる財産区問題の起こった際、その設置をみるのかもしれないが、そうだとしても後述する払拭できない懸念があることを含め、条例全体を見てみることにしたい。

（2）条例に見える財産区の脆弱さ

先に見た条例制定は、13財産区民が求めてきた、従前に近い財産（収入）支出を可能にしたことは事実である。しかし、同条例において、市と財産区双方に求められる「市と財産区との適切な役割分担」（第2条）という場合のその「適切さ」の内容が明示されていない。時代が変われば、市と財産区の適切な役割分担像も変わる。両者の考える「適切さ」は必ずしも一致するとは限らない。むしろ、条例に謳う「適切さ」に大きな乖離が生じたがゆえ、今回の財産区問題が起こった。数年ないし数十年たって人々の中の記憶から同問題が薄れた時、この条例がどこまで効力を持つかが懸念される。それは、「協議」という手続きを市長が踏みさえすれば、財産区域以外での事業における財産区収入の充当が可能である（第3条、第4条の2）点にも表れている。事実、条文には、「市長は、あらかじめ財産区と協議し、財産区収入を市が当該財産区の区域以外の区域において行う事業に要する経費に充てることができる」（第4条の2）とある。財産区の「承認」や「同意」ではなく、単なる「協議」がその要件となっている点には、各財産区は注意を払っておく必要がある。

さらに、このような懸念を含め、今回のような問題が再び顕在化した場合にも同条例は無力に堕する危険性がある。たしかにそれを回避する役割を担うものと期待される「豊田市財産区審議会」の設置項目は有効である（第5条）。しかし、それはあくまで「市長の諮問に応じ、財産区に関する諸課題について調査審議する」（第5条）となっており、その諮問、それを受けての設置主体はあくまで市である。また、諮問機関の委員資格要件もその委嘱権限が、「前各号（有識者・弁護士・市民・筆者による補筆）に掲げるもののほか市長が適当と認める者」（第5条3項）とあり、「市長が審議会に諮問しようとする都度、諮問しようとする事項の内容に応じ」市長は委員を決めることができる（同）。柔軟な対応が可能になるような配慮とも解せる一方、市側にとってより都合のよい委員を事案に応じて編成できるという否定的な見方も可能である。さらには、全7名からなる審議委員の資格要件に、有識者・弁護士・市民・財産区議会議員及び市長の認める者の配分規定がないことも市の恣意的な委員選出の懸念を拭いきれない。財産区の当事者かつ事実上の所有者たる財産区議会議員が同審議委員に入ることが重要な必要条件として明記されるべきであったがそれがなされていない。同じような問題を生じたときに、次には完全に「骨抜き」にされる可能性がある。以上の点で懸念材料を多く有する同条例が、財産区のより強い公的支配につながらず、真に財産区の自治と共益を増進するものとするためには、財産区側の強い主体性の発揮・財産区についての理解・自治的管理の実践が必要となる。

(3) 財産区間・財産区内での問題意識の共有と実践の必要性

ワークショップで感じた他力本願的な姿勢は、財産区議長レベルではかなり変化を感じることができた。しかし、「喉もと過ぎれば熱さを忘れる」は人の常である。途方もなく大きな時間と費用を要し解決を見出し得たように見えるこの問題だが、それは本当に「途方もなく」と形容するに値する何かを当事者たちに残したであろうか。

稲武全体の人口が３０００人を切り、いよいよ過疎高齢化による問題が山の管理のみならず、各区の地域行事にも影響を見せ始めている。その原因の大本はほかならぬ「国策の失敗」（短史眼的な林政・農政）にあり、それを是認あるいは積極的に支援してきた研究者、国民全体にある。その責任が明確に問われることなく進む日本社会において、田舎で生きていくにはあまりに厳しい現状が広がっている。もっとも信頼すべきは自活の道であるが、その道を切り拓く原資が日本津々浦々の田舎にあるかといえば、決してそうではない。

多額の累積債務を抱える地方自治体への期待も危うい。そのような「親方日の丸頼み」が通用せぬ現在、その財産に偏りはあるにせよ、稲武には旧村すべてに独自の原資がある。先代の心血が木の一本一本に注がれた結果としての森とその取組が生んだ貯蓄が稲武には存在しているのである。

その財産区存亡の危機を経験したことで、確かに財産区の沿革や現状に対する認識は以前に比べて共有されつつあると思われる。しかし、本章でとりわけ着眼の焦点に置いた条例化に至るまでの展開を振り返ってみる限り、財産区の沿革や現状を各財産区内部・財産区間において共有化する作業は、必ずしも十分だったとは言いがたく、今後憂慮される材料は多いと言わざるを得ない。先述した支所職員が視察の所感の中で、豊田市42万人に向けて財産区の存在価値を示す必要があるとまとめているが、そのような必要性はない。実質入会の旧財産区の稲武13地区に求められるのは各財産区が、その存在理由や価値を十分に認識し、その存在が脅かされるような事態に陥ることを極力回避すること、もしそのような状況になっても毅然と立ち向かえるだけの準備（引き続きお役の履行とその記録など）を怠らないことである。加えて、財産区財産の把握（市に対する監視）である。

というのも、極めて積極的に学びと実践を続けた各財産区議長ですら、自分たちの財産（預金通帳管理）について究極的には知るすべがないのである。当該市職員の稲武支所職員であっても、これについては市管財課に問い合わせる形になっている。13財産区会計は、運用益を上げるためとして13財産区をひとまとめにして大口定期預金にしており、利息は按分している。その運用について、「監査委員事務局は、それらのデータをもとに毎月額面をチェックしており、不備はないということになっている。よって、地元議員が確認することは困難」であるなどということが常態化しているのである（議２００９年8月20日、p3）[*11]。自分の通帳の入金・出金の履歴をいつでも把握できることは所有者として当然である。このような状況では、「それは誰の財産ですか」と問われても「豊田市です」と答えるほかない。財産区がそれを望まないのであれば（そして豊田市もまたそれを意図するところでないのであれば）、「実質入会・形式財産区」から「実質・名目ともに財産区」の方向へじわじわ移行してしまわぬためにも、稲武13地区は、上述した予算概要の把握は当然のこと、支所任せを止め、財産区の自治的運用の主体性を取り戻す努力と実践が必要だと思われる。鈴木（２０１４）は、財産区の体裁を保ちながら、実質入会的運用を目指す道をとる場合、将来抱える不安材料を次のように的確にまとめている。

「今日、特に一部都道府県においては〝財産区〟に対する行政の〝公権論的〟指導が〝定着〟してきているが、〝財産区〟の側がトラブルを避け、自らの権利を保全するために、行政の指導にあわせた管理を定着させればさせるほど、裁判で争った時に入会とは認定されず、自らの権利を失うという危険が増すことになってしまっている」（p229）。

13財産区は、今回の問題を再度咀嚼し、上述したような条例に見る財産区の脆弱さを十分に認識する一方、他地域の財産区視察あるいは連携を通じて自律的な財産区運営のありようを模索していく努力が必要ではないだろうか。

おわりに

冒頭に述べたように、財産区制度が抱える矛盾は、現場の世界では、①行政担当者の裁量、②条例等の成文化した公式の規則の制定によって、埋められてきた。稲武地区の財産区は長らく行政担当者の裁量によるところが大きく、それゆえに、合併とともに行政環境の大変化を受け翻弄された。そうした中で、同地の13財産区が結束して財産区問題の解決に当たり、条例制定による回復の選択肢をとったことそれ自体に大きな誤りはなかったと筆者らは思っている。入会権の存否確認請求裁判を起こすことも絶えず議論に挙がったが、そのことによるリスクは計り知れない。そのすべてを鑑み、13財産区の最大公約数的総意として、実質的な財産区財産の使途の柔軟性回復を旧稲武全体（13財産区全体）で行うという方向は、今振り返ってもなお、とりうる選択肢の中で最善であったように思う。

しかしながら、本章で記した通り、同財産区をめぐる状況は制度面においてなお危ういものである。その制度的危うさを補いうるのは各財産区自らの「私たちの財産区意識」の回復にある。本章で見た財産区問題の解決は、一方では新財政課長の登場という一見して願ってもない幸運も手伝っての条例制定であった。これについて筆者らは、問題にかかわってきた者として少なからず希望を感じたものであるが、一方で、「私たちの財産区意識」を育てる機会になるかどうかの視点がかき消されていたようにも思う。外部者としてのかかわりも、その点にこそ注力すべきである。調査や協力を続けてきた調査者としての筆者らは、この認識を十分に市側、財産区側の双方に示すためにも、条例制定という解決の最終局面において的確に把握すべきであった実情を把握できずに終わった調査の甘さを猛省し、今後も同地での財産区研究を続けていこうと思う。

注

＊1　同地区の入会山の多くは、近世村落名や数人共有を名義人とする「民有地第二種」として地券交付を受けていることになる。ちなみに、民有地第一種は個人名義の登記である。

＊2　純粋な部落有財産を町村制施行時の明治22年直後ではなく、それから10年以上経った明治34年に財産区有財産にしたのか、その詳細は不明である。なお、豊田市との合併が目前に迫った平成16年には、大字○○持などの登記名義が残っていたために、13地区それぞれの財産区有に書き換える方向での作業が進められた（しかしこれは完結していない）。

＊3　同種の事例は、他地域においても数多く存在する。他方、合併を機に財産区の弾力的運用の道を閉ざされるようなケースもまた数多くある。

＊4　2006（平成18）年、豊田市の監査より稲武支所に同上の指摘があり、そのわずか3日後には財産区からの自治区交付金を廃止する旨を通告している。豊田市のこの性急な対応は、横暴という言葉に値し、同監査をつとめた人物は、厳しく問われてしかるべきである。

＊5　財産区の視察については、同問題発生以降、2007（平成19）年11月6日支所職員が岐阜県の大垣市の財産区を皮切りに、稲橋財産区が御殿場市の財産区を、黒田財産区が長野県南牧村の財産区を視察しているゆえ、この動きが、同ワークショップが直接的契機となったわけではない。とはいえ、2008年9月11日以降実施されていなかった視察が再開され、さらに復命書類を見る限り、議論の焦点も次第に明確になっていく様子（財産区財産の使途についての仕組み、所属自治体との関係、議会の理解の得方など）をうかがい知ることができる。

＊6　筆者らは、このような自分たちの力で問題解決を図っていこうとする積極的な「内側からの動き」は望ましい変化であると感じた。

＊7　稲武支所職員による復命書からの引用については、以下、「復日付」のように表記する。

＊8　地域会議の議事録については、これ以降、「議日付」で表記をするものとする。

＊9　とりわけ、たえず議論に挙がった入会権存否をめぐる裁判の可能性については、入会研究者の第一人者である中尾英俊氏の近年の「入会の恥知らず裁判」の如く、同地の共有入会が否定される可能性、ある財産区の共有入会が認定され他の財産区で否定される事態の可能性、入会裁判の場合、共同的必要固有訴訟の原則があり、そのいずれもが村内を分裂させる危険性がある。とりわけ旧自治体13地区

すべてに財産区があることが、よりそのリスクを高めるものと判断された。

＊10　このことについては、前年にも地域会議委員から次のような極めて前向きな意見が発せられていた。「（豊田市当局の方からこちらに来て説明をしてもらえないのであれば）こっちから出向いてでも話し合う。攻めていくべきだ。安易に裁判にするんではなくて。みんなの意見として、もっと出して伝えていくべき」（2009年12月15日、p2）しかし、支所・地元議員が窓口になっての交渉を基本とし、これは実現しなかった。

＊11　本来、豊田市側が各財産区に財産管理報告がなされてしかるべきことであり、これが履行なされていないならば13財産区側が市に対し公開請求しなくてはならないはずである。「名目財産区・実質入会」の稲武13財産区においては基本だと思われる。この点については、かかる重要事項を地域会議の議事録を追うことによって事後的に知った私たち調査者自身の致命的な欠落も認めざるを得ない。

参考・引用文献

稲武地域会議（2009）『第5回稲武地域会議全大会議事録』、2009年6月15日

稲武地域会議（2009）『第6回稲武地域会議全大会議事録』、2009年7月21日

稲武地域会議（2009）『第7回稲武地域会議全大会議事録』、2009年8月20日

稲武地域会議（2009）『第9回稲武地域会議全大会議事録』、2009年10月21日

稲武地域会議（2009）『第10回稲武地域会議全大会議事録』、2009年12月15日

稲武地域会議（２０１０）『第12回稲武地域会議全大会議事録』、２０１０年２月18日
稲武地域会議（２０１０）『第13回稲武地域会議全大会議事録』、２０１０年３月10日
稲武地域会議（２０１０）『第10回稲武地域会議全大会議事録』、２０１０年11月16日
稲武地域会議（２０１１）『第13回稲武地域会議全大会議事録』、２０１１年２月15日
豊田市稲武支所（２００９）『復命書―郡上市下川財産区視察』、２００９年12月７日
豊田市稲武支所（２００９）『復命書―長野県湯川財産区視察』、２００９年12月15日
豊田市稲武支所（２０１０）『復命書―枚方市津田財産区視察』、２０１０年２月５日
齋藤暖生・三俣学（２０１０）「地方行政の広域化と財産区：愛知県稲武地区の事例」、ローカル・コモンズの可能性（三俣学・菅豊・井上真編著）、ミネルヴァ書房、pp13-37
鈴木龍也（２０１４）「伝統的コモンズと法制度の構築―裁判例にみる財産区制度の可能性と意義」、エコロジーとコモンズ（三俣学編）、晃洋出版、p209-232
豊田市都市内分権の推進ウェッブサイト http://www.city.toyota.aichi.jp/shisei/jichiku/1004968.html（２０１５年12月アクセス）
２０１３年度三俣ゼミ４回生（２０１４）『２０１３年度　研究演習Ⅰ三俣ゼミ共同論文―豊田市稲武地区におけるゼミ合宿より』、pp91
中尾英俊（２００８）「入会判決における恥知らずの判決」『西南学院大学法学論集』第40巻（第３号・第４号）、p125-161

三俣学・齋藤暖生（２０１０）「環境資源管理の協治戦略と抵抗戦略に関する一試論：行政の硬直的対応下にある豊田市稲武13財産区の事例から―」、商大論集61巻（第２・３号）、兵庫県立大学経済経営研究所、p151-171

宮本常一（１９８４）『宮本常一著作集』、第29巻「中国風土記」、未来社

Saito Haruo（２０１３）〝The governance of local commons and community administration: The hidden potential of the property ward system〟, in Murota Takeshi and Ken Takeshita（２０１３）eds.〝*Local Commons and Democratic Environmental Governance*. United Nation University Press.〟p215-233

第５章

「田舎暮らし」で伝統を受け継ぐ

田中 求

1. 消えつつある「田舎の財産」としての和紙

近年、農山村が持っている価値を問い直す議論が活発化しつつある。国土交通省では、人口減少が深刻な過疎地域について、集落の道路や上下水道などの維持コストと集落移転コストを比較する試みが進められている。しかしながら、地域社会の意義は経済的コストのみで議論されるべきではない。

山村には何百年も、地域によっては何千年も人が山にかかわりながら生きていくなかで生み出してきた財産がたくさんある。しかし、いつの間にかそれは忘れられ、切り捨てられ、顧みられることがないまま、誰も受け継ぐ人がいないまま消えていこうとしている。しかもその過程で山村が持つ価値や財産をどうするのか、きちんと考えないまま消えていこうとするものがたくさんあるように思えてならない。山村の空気や水の良さ、地形や土質、日光などの自然条件を活かして作られてきた和紙やその原料であるコウゾなどもその一つではないだろうか。

和紙は日本の文化の基盤であり、絵や文字を記すためのみでなく、襖や障子、提灯、扇子、傘、包み紙、紐、ちり紙など、長きに亘り人々の生活全般に深く広く浸透してきた。和紙は日本の文化を形成する重要な素材であった。

もともと手漉き和紙は、コウゾやミツマタ、ガンピなど和紙原料の繊維の長さや細さ、光沢などを見極めながら漉かれており、1枚1枚の表情が違う温かみのある和紙ができる。「手漉き和紙」として一つにくくれないほど、地域によって様々な原料や漉き方の技術がある。漉き手の技術を基盤にしながら、様々な個性が現れてくるのが手漉き和紙であるが、その生産量は近年大きく減少している。国内の代表的な和紙産地の一つである高知県でも、手漉き和紙生産量は１９５１年の１６８８ｔから２００５年には13ｔにまで減少した（高知県商工振興課、２００６）。

その一方で和紙そのものが多様化しており、和紙とは何かを明確に定義することも難しくなっている。例えば洋紙は木材パルプを原料にした機械抄きの紙が主であるが、近年は手漉き和紙であっても原料にパルプを用いているものや機械抄きであっても良質な国産コウゾのみを利用しているものもある。

またコウゾの国内での栽培面積は、

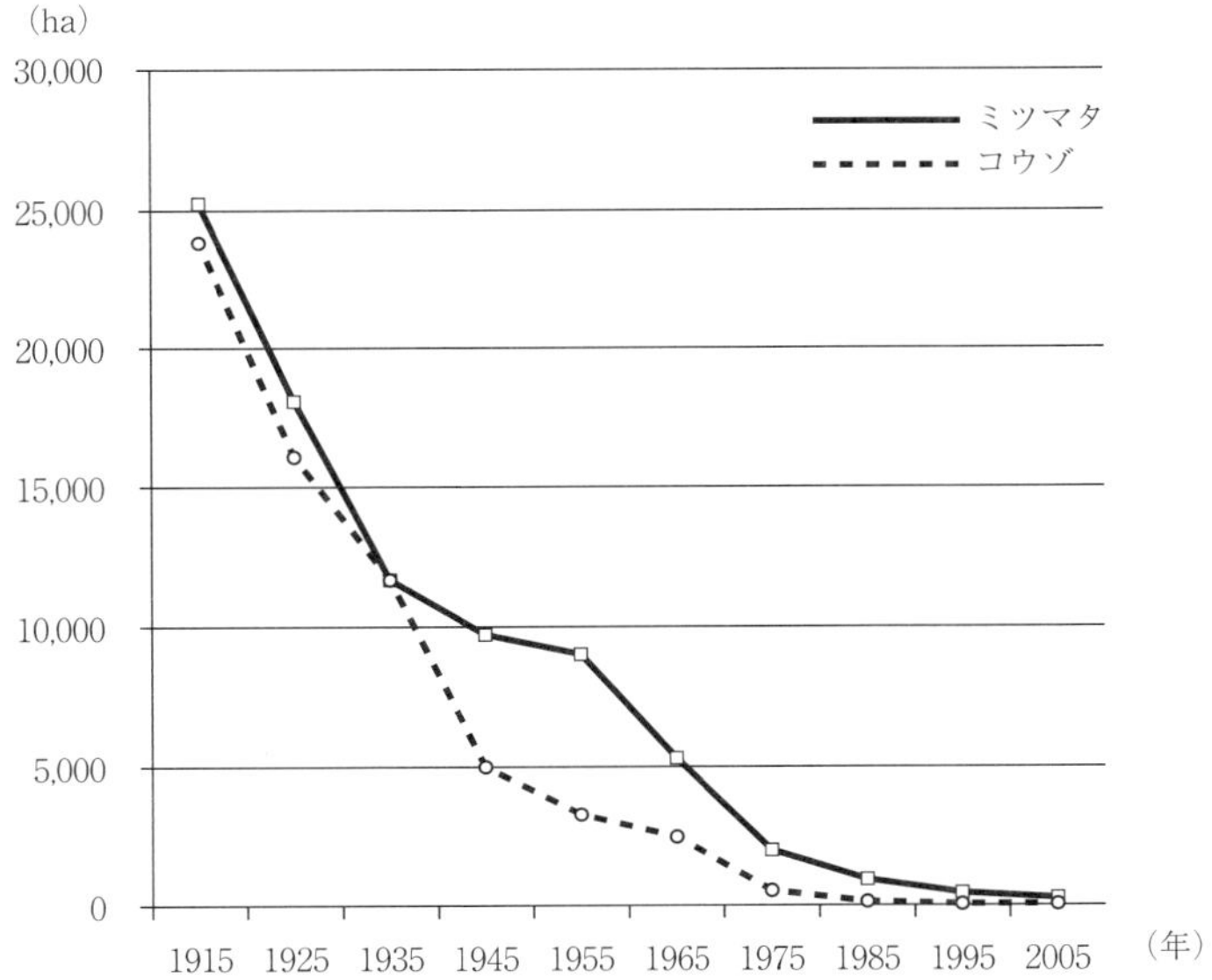

図５－１　全国のコウゾ及びミツマタの栽培面積の推移
出典：農林省大臣官房統計課（1926）及び日本特産農産物協会（2012）より著者作成。

１９１５年には２万３７９０ha、ミツマタは２万５２２９haであったが（農林省大臣官房統計課、１９２６）、２０１３年にはそれぞれ35・9ha、４８２haと激減した（図5―1、日本特産農産物協会、２０１４）。山村の和紙原料やそれを活かした和紙はこのまま消えていくのであろうか。

本章では国内有数の和紙原料産地である高知県いの町柳野地区（図5―2）の事例を中心に紹介しながら、和紙原料生産の衰退要因を描くとともに、和紙原料の様々な機能が持つ新たな可能性を示すことを試みる。

柳野地区には、２０１４年11月時点で、96世帯１８１人が暮らしている。標高３００mから１０００mの間に集落や田畑、山林が広がっており（写真5―1）、現在でもコウゾ栽培が続けられているほか、昭和40年代までは

図５－２　高知県いの町柳野地区位置図

写真５－１　高知県いの町柳野地区

焼畑での雑穀とミツマタ栽培が行われていた（田中、１９９６）。

柳野地区はわずか10世帯で全国のコウゾ生産量の約10％を生産しており（表５―１）、いの町は全国のコウゾ生産量の約30％を占める。柳野地区が重要な和紙原料産地であり、またいかに和紙原料の生産が数少ない人びとによって担われているかがわかる。

柳野地区のあった小川村は、１９５６年の合併により吾北村となり、さらに２００４年の合併で、いの町となった。柳野地区は、本村・賢定・日曽浦・大平・野竹・川原田・小倉の７集落に分かれている。２０１４年11月時点の和紙原料栽培世帯は、本村に１、川原田に１、賢定に２、日曽浦に１、大平に３のみとなっている。本村には、かつて商店や製紙工場などがあり、他村から集まった手漉き師が本村で結婚するなど、柳野地区の和紙生産の核となってきた集落である。

柳野地区の中心である本村は地区内で唯一、雑貨や食品を扱う商店があるほか、農産物と食事の提供を行う「ふれあいの里柳野」や農村民泊施設「せせらぎの宿」などもある。遅くとも大正初期には本村に製紙工場や宿泊施設、商店などがあった。本村には盆踊りや宮相撲などが行われる社寺があり、他集落からも多くの人々が集まる賑やかな集落であったという。２０１４年11月時点で本村には27世帯46人が暮らしており、高齢化率は63％となっている。本村の１９４５年時点の居住者は53世帯、１９９６年時点では35世帯83人であり、人口の減少と高齢化が進んだ集落でもある。

筆者はいの町で、本村を中心に１９９５年11月から２０１５年12月にかけて32回約３２０日間の聞き取りと参与観察を重ねた。柳野地区の方々のほか、いの町内の製紙会社や紙の博物館、役場、周辺市町村の和紙原料問屋や和紙販売者など多くの方々にご協力いただいた。

表５－１　2010年産のコウゾ生産状況

	生産量（kg）	栽培面積（ha）	栽培農家数
全国	39,960	32.50	329
高知県	14,431	8 .40	96
いの町	12,243	8 .22	53
柳野地区	3,810	2 .93	10

注　：全国、いの町、柳野地区の生産量は2010年４月から2011年３月まで、高知県の生産量は2010年11月から2011年10月までのデータであるが、収穫時期を踏まえると、いずれも2010年秋から冬にかけて生産されたコウゾの黒皮換算での生産量である。柳野地区については筆者が聞き取りを行った10世帯の数値である。
出典：全国の生産状況は日本特産農産物協会（2012）、高知県については高知県庁農業政策課資料、いの町は、いの町役場資料、柳野地区については聞き取り調査結果より作成した。

2. 消えゆく「和紙の里」

(1) 柳野地区及び周辺地域における和紙原料生産の発展（～1945年）

① 高知県における和紙原料生産の始まりと広がり

土佐和紙がつくられ始めたのは8世紀頃と言われ、自生のガンピやコウゾ、ミツマタを利用した和紙が漉かれていたほか、山内一豊による和紙産業の保護、野中兼山によるコウゾ栽培の奨励により、産業として発展することとなった（清水、１９５６）。特に、仁淀川本流及び柳野地区のある支流域は主要なコウゾ生産地帯の一つであった。

柳野地区周辺では、紙一揆も生じた。土佐藩による安価での強制的な和紙買い取りが行われるなかで、１７８７年には柳野地区と隣接する池川郷において、和紙生産者らによる紙一揆が発生したのである（吾北村、２００３）。この紙一揆は土佐藩が農民らの要求を呑むことで終結しており、藩がいかにこの地域での和紙生産を重視していたかがわかる。

１８８０年に吉井源太が岐阜県から導入した典具帖紙が漉かれるようになって以降、土佐和紙は海外に広く知られるようになった。コウゾを原料とする典具帖紙は、薄さと粘り強い紙質からタイプライター原紙用紙として世界中に輸出され、高知県は全国一の生産額を誇る和紙産地となったのである（高城、１９８２）。

②和紙原料の生産立地

柳野地区では、コウゾはカジもしくはカミソと呼ばれている（写真5―2）。コウゾは山の斜面や田畑の畦、石垣、家屋周辺などの常畑もしくは雑穀などの焼畑の後作として栽培された。栽培適地は標高150mから600m、日当たりと水はけの良い南西もしくは東斜面であり、強風が当たりにくい場所が好まれた（農林省高岡農事改良実験場、1950）。コウゾは植えてから3年目には収穫に十分な枝が生え、以降は毎年株から生えてきた枝を収穫できた。そのため、100年以上も同じ株が利用され続けることがある。焼畑ではなく常畑で長年にわたり栽培することが主であり、適時肥草を入れたり、草を刈り、鍬で打って土に鋤き混んで肥料としていた。

柳野地区で優良な品質のミツマタの栽培が広がったのは、19世紀末と考えられる。ミツマタ

写真5－2　樹齢約100年のコウゾと生産者の黒石正種さん

写真５－３　ミツマタを収穫する筒井英男さん

はリンチョウもしくはヤナギとも呼ばれる（写真５―３）。１８８４年に吉井源太によって静岡から導入された新たな品種のミツマタの栽培が、吾北村を含む周辺地域で始められ（吾北村、２００３）、柳野地区を含む高知県内の山村に広がることとなった。ミツマタの適地は標高２００ｍから１０００ｍ、水はけが良く直射日光が当たりにくい北もしくは北東・北西の傾斜角15度から45度の斜面であり（農林省高岡農事改良実験場、１９５０）、トウモロコシやムギ、ダイズなどで日陰をつくり栽培された。コウゾもミツマタも、柳野地区のように標高３００ｍから６００ｍの山村で良く育つ作物であった。

柳野地区のミツマタは、数年ごとに新たな場所を伐開して焼畑とするサイクルのなかで栽培されていった（図５―３）。ミツマタは、苗の植え付け後３年目に１回のみ枝を収穫して終わりになるこ

1年目（7月）森林を伐開し、約8か月乾燥のために放置

↓

2年目（3月）　火入れ

↓

（5月）アワ・ヒエ・ソバなどの播種

↓

（10月）アワ・ヒエ・ソバなどの収穫

↓

3年目（3月）ミツマタを植え、間にトウモロコシ・アズキ・アワを栽培

↓

（秋）　トウモロコシ・アズキ・アワを収穫

↓

6年目　（冬）　ミツマタが湯飲み大になったら収穫

図5－3　焼畑でのミツマタ栽培

出典：聞き取り調査より筆者作成。

とが主であった。1回目の収穫後に再び枝を収穫することがあるものの収量が減るほか、白絹病などの病害を受けやすくなるため連続での収穫は難しく、新たに植え直す必要があった。また、直射日光を好まないため、その他の作物の被陰下でも良く育った。このようなミツマタの性質により焼畑及びそのサイクルと組み合わせることができたため、焼畑でのミツマタ栽培が広がったと考えられる。

焼畑はネムノキの花が咲く7月頃、十分に植生が回復した肥沃な休閑林などの二次林を伐開することから始まった。そして伐開箇所は、木々の新芽が出始める3月頃まで約8か月間、乾燥のために放置した後で、火入れを行った。その後、ヒエやアワなどを栽培した。そこに明治半ばからミツマタが加わるようになったのである。

1936年には少なくとも全国に約7万7000haの焼畑（休閑林含まず）があり、最も焼畑面積の

多かった高知県の焼畑面積は約2万９０００haであった（農林省山林局、１９３６）。同資料によれば、旧小川村の焼畑面積は１２２０・１ha、水田や常畑などその他の耕作地面積は１９１７・９haであった。本村において焼畑用地（休閑林を含む）とされていた面積は、１９４５年時点の土地利用面積が聞き取りから把握できた5世帯のうち、焼畑用地を所有していた3世帯の数値のみで14haあった。柳野地区において、かつて焼畑を行ってこなかった集落はなく、焼畑は地区全体において主要な生業となっていた。焼畑の多さが対象地区を含む高知県をミツマタ特産地としていったと推察される。

③和紙原料の加工に関する技術的側面

コウゾは株から萌芽した枝を11月から2月頃までに毎年切って収穫する。それを１・５ｍほどの大型の甑で蒸して、柔らかくなった表皮を剥がし、乾燥させたものは黒皮（もしくはクロ）と呼ばれた（写真５―４）。黒皮を水につけながら、表皮や休眠芽、傷などを小型の刃物でおおよその部分をへグリ（削り取って）、内皮（靱皮）部分を残して乾燥させたものは六分へグリと呼ばれた。さらに清流に浸す、細かい傷を削るなどして白くなるまで加工した物は白皮（もしくはシロ）と呼ばれる。コウゾについては、黒皮で原料問屋などに販売されることが主であった。

ミツマタの加工作業はほぼコウゾと同様であるが、相違点としては表皮を削るのに金鋏という道具を用いること、また、金鋏で大まかに表皮を削り取ったトバシ、もしくはさらに細かく傷を包丁で削り白皮に加工して出荷するのが主であったことが挙げられる。

写真５－４　コウゾ黒皮を干す筒井秀太郎さん

ミツマタやコウゾの栽培、収穫、加工作業では、世帯の構成員数が多い場合は家族労働で、少ない場合にはイイと呼ばれる労働交換による共同労働が行われていた。作業人数については一定しないものの、少なくとも４人以上が集まって作業していた。小学生などの子どもたちも、夜11時頃に火を入れて早朝３時頃に蒸し上がる１回目については、皮を剥ぐ作業を手伝ってから学校に行くのが当たり前とされていた。

甑で枝を蒸す作業は、1回（1カマと呼ばれる）2～4時間ほどかかり、黒皮5～8貫分を蒸すことができた。最盛期には深夜から始めて、1日に6回ほど蒸したという。コウゾについては一緒にサツマイモを蒸すと良い香りが付きおいしく食べられる楽しみがあった。共同労働で支え合い、いろいろな話をするなかで覚えたり新たに知ること、共有する情報も多かったという。

④和紙原料の流通と柳野地区における和紙原料生産の活発化

江戸時代には、土佐和紙は土佐藩の御用紙（御蔵紙）として旧成山村や旧伊野村（ともに現、いの町）の24戸のみが紙漉きを認められ、藩による専売が行われていた（清水、１９５６）。しかしながら、１７８７年の紙一揆の発生に見られるように、藩による和紙の専売は成功せず、平紙と呼ばれる半紙の製造と自由販売が認められた。そして藩内に多くの和紙関連の商人や問屋が生まれ、和紙原料も多くの商人によって買い取られ、投機の対象になるなど高度に商品化が進んだ（高城、１９８２）。

明治期以降も旧伊野村や旧高岡村（現、土佐市）、旧池川町などに原料問屋や仲買人がおり、柳野地区のコウゾやミツマタを買い付けていた。旧伊野村などの和紙製造業者が直接原料を買い取ることもあった。黒皮での販売が主であったコウゾは、梅雨の時期にはカビるため、栽培者は長期間保存せずに原料問屋などに販売していた。早く「新物」を買い取りたい原料問屋は、年の暮れまでに蒸したコウゾ黒皮を「暮れ蒸し」と呼んで歓迎した。ミツマタについては白皮にすると屋根裏などで長期間保存できるため、相場を見ながら値上がりを待ってから原料問屋などに売られていた。多くの買取業者がいるなかで、コウゾやミツマタは様々な交渉や付き合いのなかで販売されていった。

明治期には、和紙原料生産はさらに広がった。コウゾについては前述のように典具帖紙の導入と輸出の活発化によって需要が高まることとなった。土佐コウゾは、岐阜、福井、愛媛、奈良、京都などの和紙製造業者に利用されてきたほか、越知町や旧吾北村、旧吾川村（現、仁淀川町）などの一部のコウゾは繊維が短く、典具帖紙の原料として重用された（塩田、１９９５）。

また、ミツマタについては、１８８１年に紙幣原料に指定されたことが大きい（恩田、１９９５）。さらには、１８９５年の日清戦争による物資需要の活況も影響した。１８９４年当時、旧吾北村でのミツマタ白皮10貫の買取価格は３・５円であったが、１８９５年には６円から８円にまで値上がりした。柳野地区に隣接する上八川地区では、１８９５年にコウゾが66・５ha、ミツマタが18・１ha栽培されていたが、１９２５年にはそれぞれ１６６・３ha、２３３・９haに増加し、旧吾北村全体でコウゾとミツマタ栽培が活発化した（吾北村、２００３）。高知県でのミツマタ買取価格も１９２０年には22・９円と高騰していた（図５―４）。柳野地区に隣接する旧池川町椿山地区では、１９１０年頃にはミツマタ栽培地が足りず、愛媛県の山約５００haを購入するほどミツマタ栽培で活況を呈していた（福井、１９７４）。

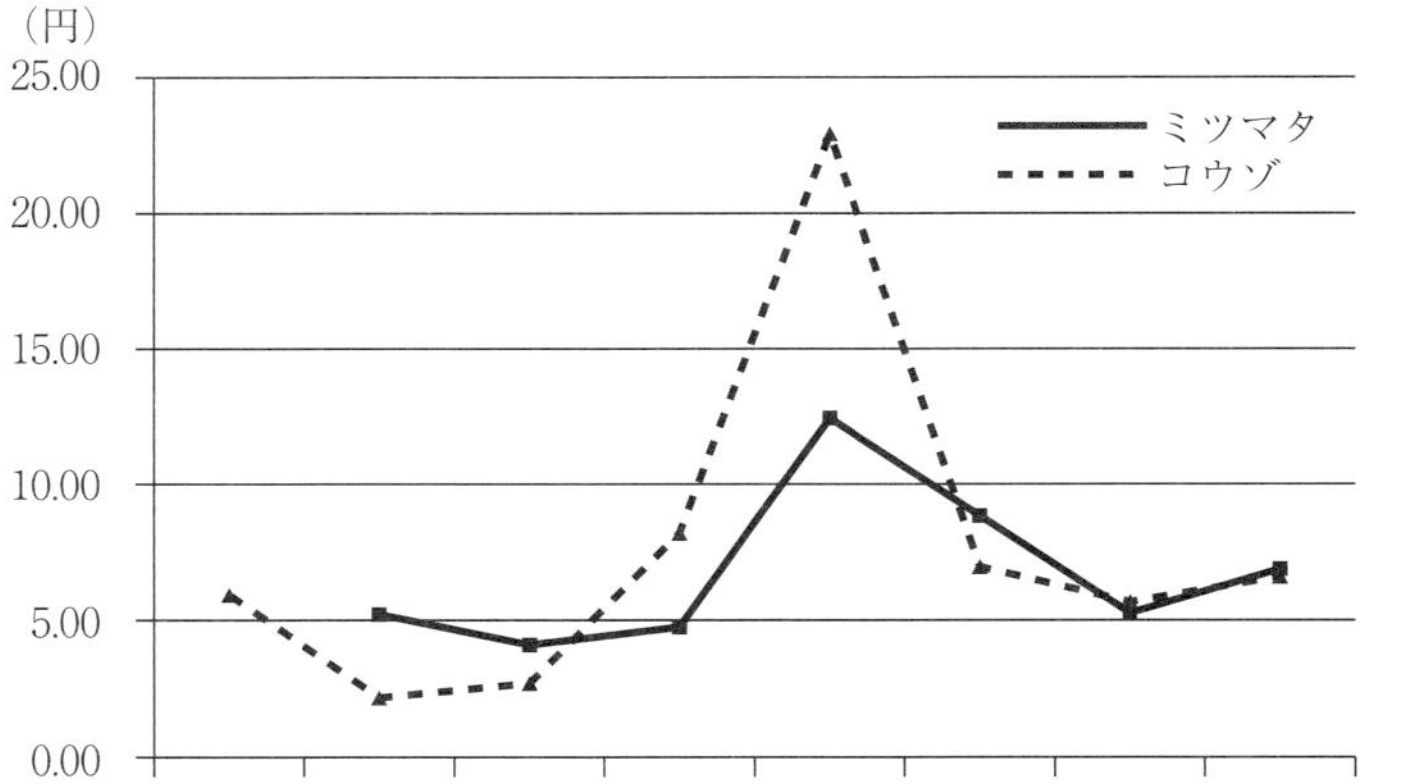

図５－４　戦前における高知県内のコウゾ黒皮及びミツマタ白皮10貫当たり価格

出典：高知県経済部『製紙原料作物の栽培と取引』より筆者作成。

写真５－５　三浦吾北製紙工場（渡辺寿子氏所蔵）

１９１８年には、本村に三浦吾北製紙工場が建設され（写真５—５）、柳野地区の和紙原料の新たな販路となり、原料栽培と和紙生産の拡大に寄与することとなった。三浦吾北製紙工場の職工数は42人で、水力を動力としてミツマタを原料とする書道用の柳半紙などがつくられていた（清水、１９５６）。工場建設にあたり、山から木材を伐り出す杣師や木挽き、大工などが集まったほか、愛媛県や仁淀川下流の村々からも和紙の漉き手が集まり、柳野地区は大いに賑わうこととなった。

１９３０年代には紙幣原料とするために国立印刷局が地域の生産者団体と契約して基準価格を取り決めて行う「局納ミツマタ」の買取制度も始まった。

第二次世界大戦時には、欧米への和紙輸出が止まり、高知県内の和紙業者は風船爆弾など軍需用紙生産を余儀なくされた。また日本からの和紙輸出が途絶えるなかで、アメリカでは機械で抄いた産業用紙が開発されるようになり（上田、１９９５）、戦後も和紙輸出の減少と国内和紙産業の衰退を招くことになった。

三浦吾北製紙工場は、経営不振により工場の所有者が変わり戦後まもなく閉鎖され、柳野地区での和紙生産は終焉を迎えた。

しかしながら、終戦時において本村では依然として多くの世帯が和紙原料の栽培を続けていた（図５―５）。ミツマタについては「局納ミツマタ」の買い取りも続けられていた。

また、柳野地区では製紙工場以外にも、いの町や旧池川町などの仲買人や和紙原料問屋などが買い取りを行っており、コウゾやミツマタは重要な収入源となり続けていたのである。

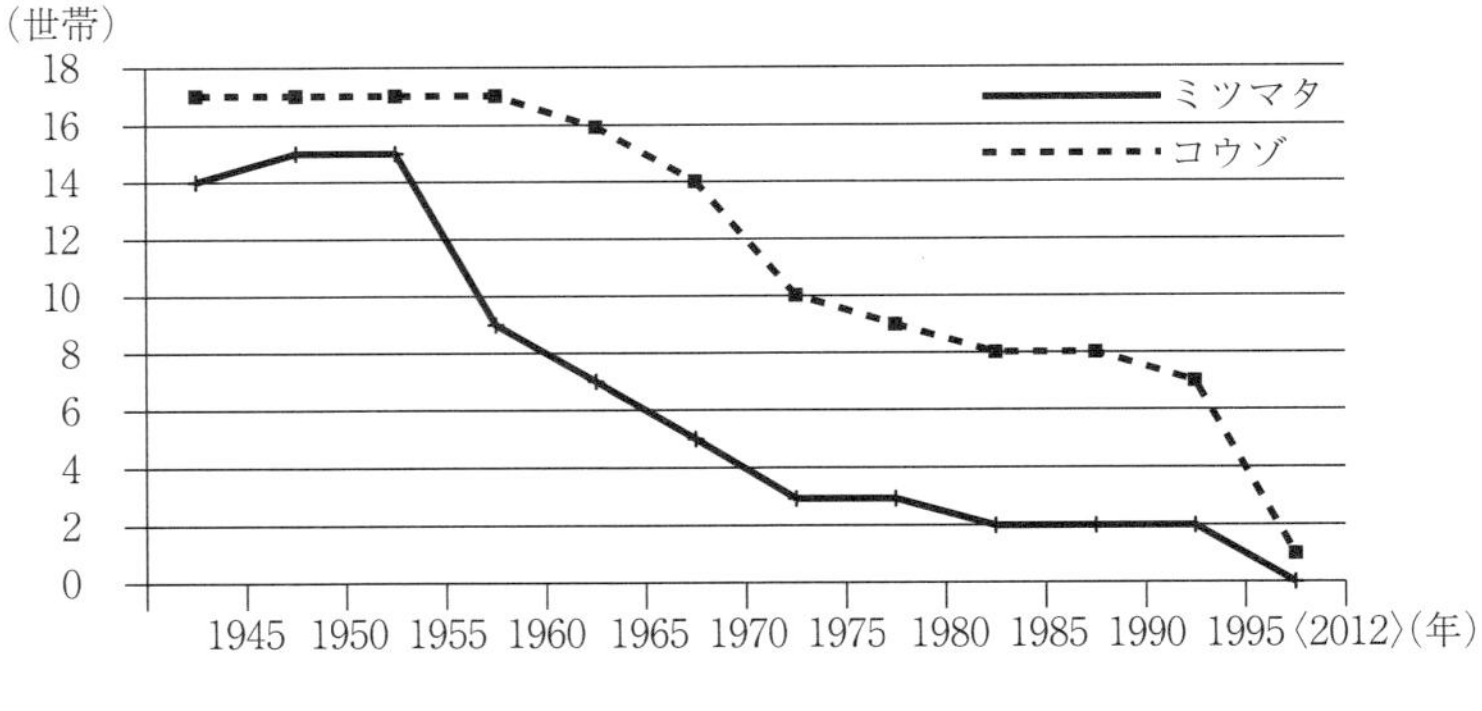

図５－５　柳野本村集落のコウゾ及びミツマタ栽培世帯数
注：調査対象世帯は18世帯である。
出典：聞き取り調査より筆者作成。

（２）焼畑用地への植林に伴うミツマタ栽培適地の喪失（〜１９６５年）

この時期に大きな変化が生じたのは、ミツマタ栽培における生産立地であった。戦後の復興のための木材需要を支えるべく国策として植林が奨励され、柳野地区の人々は「木さえ植えれば貧乏せん」、「子や孫の代には左団扇だ」と信じて焼畑用地への植林を進めた（田中、１９９６）。１９４０年代までは、本村でスギなどの植林を行っていた世帯はほとんどなかったものの、１９５０年以降、植林を進める世帯が急増した。１９６５年には本村の調査対象18世帯中12世帯が新たに植林を行っており、植林ブームはピークを迎えた。

植林の主要な対象となったのが、焼畑用地である。１９５５年まで本村において調査対象18世帯中14世帯が焼畑を行っていたものの、１９７０年を最後に終了した。18世帯の焼畑用地49・３ha中43・７ha、89％がスギもしくはヒノキの植林地に変わった。そして、焼畑用地への植林の進展によって、焼畑耕作も焼畑でのミツマタの栽培も行えなくなっていった。

焼畑では3年目の3月にミツマタやトウモロコシ、アズキ、アワなどが植えられていたが、植林ブーム時には作物の間にスギやヒノキが植えられた。そして主に1回もしくは2回ミツマタを収穫したのち、焼畑用地は植林地に変わっていった。１９５５年時には18世帯中15世帯がミツマタを栽培していたものの、１９６５年には7世帯と半減した（図5—5）。焼畑という生産立地が失われる中で、ミツマタ栽培は大きく衰退することとなったのである。

前述のように１９３６年には全国に約７万７０００ha、高知県に約２万９０００haあった焼畑は、農林業センサス累年統計によれば1960年には全国約1万4000ha、高知県も683haにまで減少した。柳野地区を含む四国山地は全国でも多くの焼畑が残る地域であったものの（福井、1974）。長年にわたり柳野地区や四国山地の山々を包んできたミツマタは、焼畑とともに消えていくことになったのである。

コウゾについては1965年においても本村の調査対象18世帯中16世帯が栽培を続けていた（図5―5）。養蚕用のクワへの転作や茶栽培を始める世帯が生じたほか、16世帯が1960年にコウゾを栽培していた約8・5haのうち、山の上など遠隔地にある0・7haが1965年までにスギなどの植林地になったものの、コウゾ栽培に大きな変化、衰退は見られなかった。

(3) 台風被害による生業転換と輸入和紙原料の増加（～1995年）

① 台風によるコウゾ生産への打撃

本村におけるミツマタは1970年には18世帯中5世帯、1975年には3世帯が家屋の周囲や常畑の一部に栽培するにとどまるようになった（図5―5）。その一方でコウゾについては、1970年時点においても調査対象18世帯中14世帯が栽培を続けていた。コウゾは常畑や家屋の周囲で栽培されており、本村では1960年まではコウゾ畑への植林は行われていなかった。前述のように1965年には0・7haがスギやヒノキの植林地になったものの、コンニャクイモの庇陰樹としても利用されており（写真5―6）、植林は一部にとどまっていた。

１９７０年代の柳野地区では、少ない世帯で２００貫（７５０kg）、多い世帯で５００貫（１８７５kg）ものコウゾ黒皮を出荷していた。正確な生産量は把握できなかったものの、聞き取りによれば柳野地区全体でのコウゾ黒皮生産量は１９７０年頃までは1万貫（37・５ｔ）ほどあったという。１９６５年の全国のコウゾ黒皮生産量は３１７０ｔ、１９７５年は８４３ｔであり（日本特産農産物協会、２０１２）、柳野地区がいかに重要なコウゾ生産地の一つであったかがわかる。

しかしながらこのような状況を大きく変えたのが１９７５年8月17日の台風５号による被害であった。高知地方気象台の記録によれば、高知県内で死者77名、家屋全半壊２１６０棟と大きな被害をもたらした。

写真５－６　コウゾの下に植えられたコンニャクイモ

吾北村でも5名の死者が出たほか、全半壊151棟、田の流失・埋没45ha、畑11ha、山林の損失は推定値で55haに及んだ（吾北村、2003）。柳野地区においても複数の家屋が全半壊し、流出した。

この台風でコウゾ栽培にも被害が生じた。台風の被害を受けた箇所を含め、コウゾ畑は植林や茶、クワなどへの転作、耕作の放棄が進んだ。本村で1970年までコウゾ栽培を行っていた14世帯のうち、4世帯が1971年から1975年にかけてコウゾ栽培をやめていた。また本村において1960年まで約8・5haあったコウゾ畑は、1975年の台風被害後には約2・5haになり1985年には約1haが残るのみとなった。

②「ハタラキ」の増加に伴うイイの衰退

さらに台風の被害は、コウゾやミツマタの栽培・加工における共同労働など、技術的側面にも大きな影響を与えた。栽培、収穫、加工作業は、前述のように世帯員数が多い場合は家族労働で行っていたほか、イイも活発に行われていた。台風被害は柳野地区内外での復旧工事を増やすこととなった。工事現場などでの雇用労働は「ハタラキ」と呼ばれており、本村での調査対象30人のうち、1955年に農閑期のみのハタラキ従事者が1人、年間通したハタラキ従事者は公務員や大工など6人にとどまっていた。しかしながら台風被害のあった1975年には22人がハタラキに従事するようになり、1970年代後半には和紙原料生産をやめ、ハタラキを主収入源とする世帯が生じた（田中、1996）。1950年代から60年代にかけて焼畑用地への植林が進み、焼畑や植林に手がかからなくなりつつあったことも、多くの村人がハタラキに従事することを助けた。そして台風被害により年間通してのハタラキが村人の主要な収入源となっていったのである。

年間通したハタラキの増加は、イイや多くの世帯員がいることで可能になっていた共同労働での栽培・収穫・加工作業を困難にした。恩田（1995）も、共同作業が困難になったことが高知県内の和紙原料生産の衰退につながった可能性を指摘しており、本村のみでなく他地域においても労働形態の変化が生じていたと推察される。そして、和紙原料の加工作業においても、栽培経験者を雇用して労働力を確保するような動きが進むこととなった。

③台風被害によるコウゾの品質低下と輸入和紙原料の増加

台風は、柳野地区のコウゾの品質を落とすことにもつながった。柳野地区では、台風時にも強風が入ってきにくい賢定集落が最も良いコウゾ栽培地とされてきた。しかしながら、他地域と比較すれば被害は軽かったものの、柳野地区全体で台風によりコウゾの枝が擦れ合い、黒皮に傷が入る被害が生じた。原料問屋での聞き取りによれば、傷が入ったコウゾは黒皮を剥いでも傷の部分がヤケとして残り、削っても白くならず靭皮繊維の強度も落ちてしまうため、和紙原料として嫌われるとのことであった。そして、日本一のコウゾ生産量を誇った高知県内において、台風により広くコウゾの生産が不安定になったことで、原料問屋はタイや中国、韓国など海外のコウゾを探し始めることとなった。

1975年には各県に供給されたコウゾ黒皮の総計1668ｔのうち217ｔが輸入品であり、

1980年にはコウゾ白皮711tのうち376tが輸入品になった（農林水産省農蚕園芸局畑作振興課、1995）。1992年11月から1993年10月までの日本のコウゾの白皮輸入量126tのうち高知県内の輸入量が80tと6割を占めていた（農林水産省農蚕園芸局畑作振興課、1995）。移出量や外国産コウゾ輸入量の増減を含め、正確な統計データがないため詳細な分析を行うことは困難であるが、各地の和紙業者が多くの輸入コウゾを利用するようになったと考えられる。

1961年まではコウゾの大量輸入は行われておらず、旧農林省も国産コウゾを守るために輸入を許可しない方針としていた（農林省振興局特産課、1961）。しかしながら、1962年に紙パルプが輸入自由化となり、また台風で良質な国産コウゾの安定的な確保が困難となるなかで、コウゾの輸入が進んだのである。これらの輸入コウゾは樹脂が多く繊維も荒いため、低質で墨なども染みこみにくいとされ、和紙製造業者には嫌われ、美術用や文化財の保存修復用などの和紙への利用は避けられた。

一方、国産和紙原料の需給が減少する中で、和紙原料問屋や仲買人の廃業が広がることとなった（恩田、1995）。和紙製造業者は輸入コウゾを利用するのみでなく、木材パルプを混ぜるなどの様々な工夫を進め、「和紙」そのものも多様化していくこととなった。

和紙原料が減少する中で、国産コウゾの買取価格は上昇した。柳野地区周辺では1970年代に10貫1万円台であったが、1980年代後半には2万5000円に、1990年代半ばには3万7000円にまで上がった（図5—6）。皮が薄いものや枝先の小さいものも同様に買い取られた。

生産量が減少する中で土佐コウゾは稀少な原料となり、作れば質が低くても売れるという状況に至ったのである。本村では１９９５年まで７世帯がコウゾ栽培を続けていた。

（４）高齢化と買い取り価格の低下、獣害によるコウゾ栽培の衰退（～現在）

①栽培者の死去に伴う栽培地の放棄

１９９５年以降、本村ではコウゾ栽培をしていた７世帯のうち６世帯で主たる従事者が入院もしくは死去しており、２００５年以降は１世帯

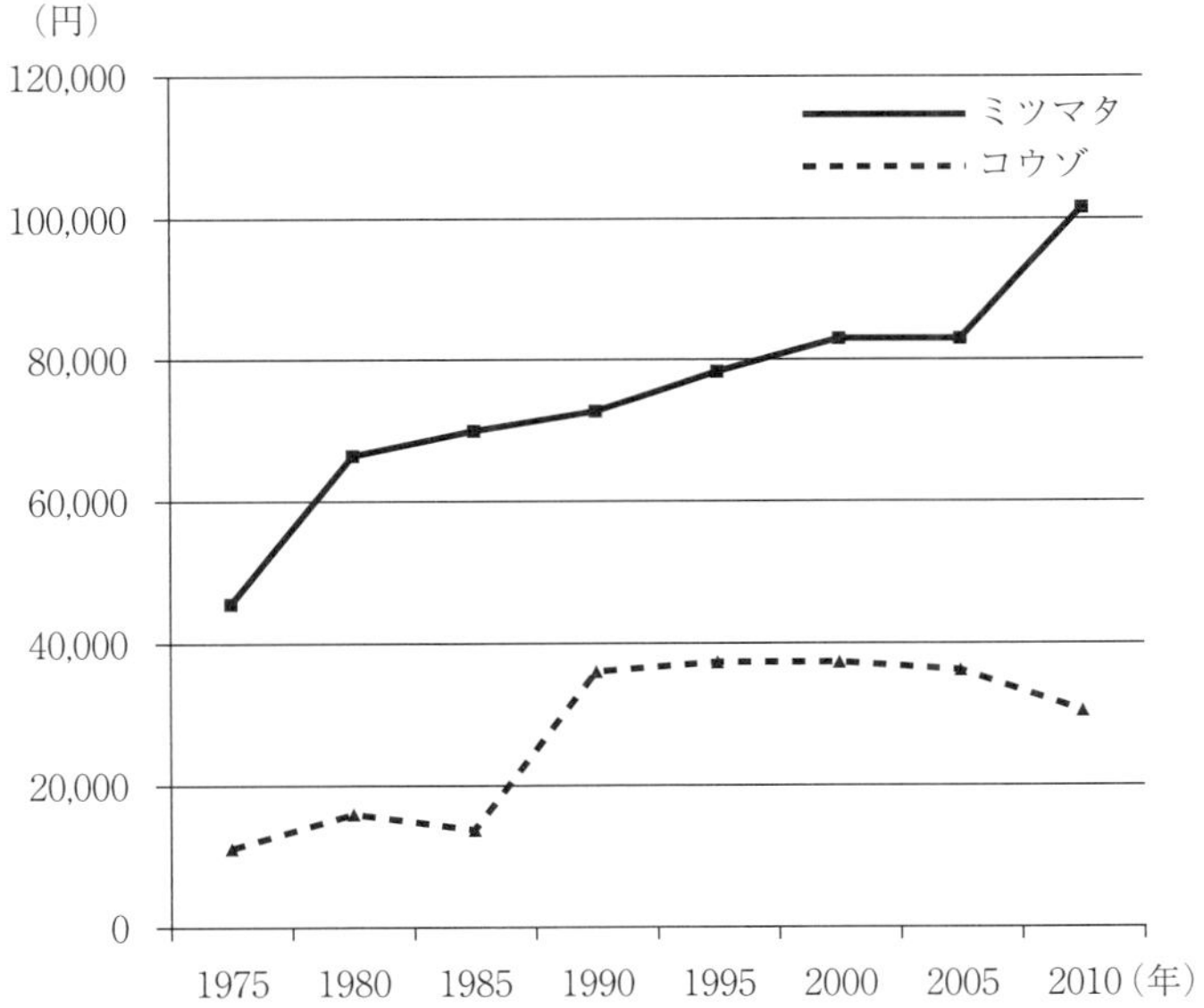

図５－６　コウゾ黒皮及びミツマタ白皮10貫当たり価格

出典：コウゾは1990年以前は農林水産省農産園芸局畑作振興課（1995）の全国の農家庭先買取平均価格、1995年以降は聞き取り調査より筆者作成。ミツマタは財務省資料の局納ミツマタ買取基準価格より筆者作成。

が0・4haのコウゾ畑を維持するのみとなった。1960年当時の本村にはコウゾ畑が約8・5haあったが、40年あまりの間に大きく減少することとなったのである。2015年現在、柳野地区全体においても8世帯がコウゾを栽培・収穫するにとどまっている。8世帯の2013年4月から2014年3月までのコウゾ黒皮生産量は1536kg、コウゾ栽培面積は2・18haである。特に、かつてはそれぞれ約500貫（1875kg）、2010年も約200貫（750kg）のコウゾ黒皮を生産していた熱心な栽培者2名が2011年から2013年にかけて死去し、柳野地区のコウゾ栽培は減少することになった。

現在、柳野地区でコウゾ畑が残るのは、車道沿いもしくは家屋の周囲の田畑などアクセスの容易な場所に限られる。栽培者の死去後には、家屋の周囲であってもコウゾの収穫・栽培が放棄された箇所も生じている。

ミツマタを本村で栽培しているのは、1985年には2世帯のみとなった（図5―5）。その後も田畑や耕作放棄地の一部、家屋周囲などで栽培されていたが、2012年に収穫者はいなくなった。柳野地区全体でも3世帯が栽培するにとどまっており、その面積は0・2haである。

柳野地区では和紙原料栽培者ら7人を含む約50人が、2010年度から1期5年の中山間地域等直接支払制度を申請しており、反当たり1万600円の補助金を受けてコウゾなどの栽培が行われている。しかし、80代の栽培者が5人おり、3期目が終了した2015年3月までは栽培を維持したものの、4期目には健康上の不安から栽培の責任を負えず、一部がグループから抜けることとなった。

②栽培者の高齢化と栽培・加工技術の低下

栽培者の減少は、前述のようにイイでの共同作業を難しくすることとなった。現在の柳野地区では収穫と加工作業について、イイは一部のみとなり、栽培経験のある村人を複数名雇って行うか、高齢者夫婦２人で作業を行うことが主となっている。村人の雇用に伴う支出や労働量の増加により、コウゾとミツマタは収入源としての魅力が薄れつつある。株を維持すれば収穫はできるものの、運搬や手入れ、加工作業の負担に耐えられる栽培者が減ってきている。作業の大変さについて、ある栽培者は「コウゾも重たいから年寄りには重労働、エエヤラン（とてもやれない）。今年だけ、今年だけといって栽培している。」と語っていた。

また、いずれの栽培者も高齢化により、成長の悪くなってきた株の植え替えや枝の剪定、ツル切り、肥草入れ、土起こしなどの作業が十分にできていないと認識していた。柳野地区の栽培者は60才の男性１人を除き、全て70代以上であり、平均年齢は79・２才となっている。

柳野地区では２０１２年当時、太くて皮の厚いコウゾを六分へグリに加工したものは10貫で８万５０００円、白皮にまで加工したものについては17万円で買取契約がされていた。しかしながら、柳野地区では十分に手入れされた良質なコウゾが少なくなっていることもあり、買値がいいことはわかっていても加工する手間をかけようという栽培者は稀であった。

③買取価格の低迷と獣害によるコウゾ栽培への諦めの広がり

これらの状況にさらに拍車をかけているのが、コウゾの買取価格の低迷と獣害である。2008年のコウゾ黒皮10貫の買い取り価格は3万5000円前後であったが、2009年以降は2万5000円から3万円前後で推移している。現在でも3万円から4万円前後で買い取られているコウゾがある一方で、小さくて薄い黒皮については1万5000円前後にまで値下がりし、生産農家の栽培意欲を削いでいる。大きさや皮の厚さなど選別が細かいことを嫌がり、原料の販売先を変えた栽培者もいた。また、枝が細いものなどについては、買い取りを拒む業者もあり、約半分ほどの枝を捨てることになった世帯もあった。

和紙原料問屋での聞き取りによれば、この値下がりの原因は、コウゾ黒皮の質そのものの低下が大きいという。和紙原料問屋は、現在出荷されているコウゾ黒皮について、ヤケや皮の薄さなどかつてのものとは比べものにならないくらい低質なものばかりと認識しており、「コワシ（黒皮を削り取る工程を省き、黒皮のまま苛性ソーダを入れて煮熟してリグニンなどを溶かす）にしかならないものが増えた」とのことであった。

文化財の保存修復や日本画用の和紙などは、長期間の耐久性やシミの生じにくさ、墨の染みこみの良さ、柔軟性などが重要である。そして、そのための和紙原料加工には、煮熟用の苛性ソーダや漂白用の次亜塩素酸ナトリウム、染料定着用の硫酸アルミニウムなどの化学薬品を使わず、丹念なヘグリやちり取り作業が必要である。しかしながら、ヤケのあるものや皮の薄いコウゾは、そのような手間をかけても高品質な和紙の原料にはなりにくいため、化学薬品を用いたコワシとして安価で買い取られていた。

コウゾ輸入を進めてきた和紙原料問屋での聞き取りによれば、コワシであれば土佐コウゾにこだわる必要はなく、数年で張り替える障子紙には値段的にも10貫１万８０００円前後と土佐コウゾの半値程度であるタイ産も利用できるとのことであった。この和紙原料問屋は、土佐コウゾを黒皮換算で４～７・５ｔ買い取っているほか、タイ・ラオス産を年間24～30ｔ、パラグアイ産を年間８～10ｔ輸入していた。高齢化が進み十分な手入れができなくなった土佐コウゾは、国産という看板はあっても輸入物に価格面で負けてしまうのである。

和紙原料問屋によれば高知県内のコウゾ黒皮生産量は約20ｔであり、和紙製造業者の使用原料の７割は輸入コウゾであるという。和紙原料問屋や和紙製造業者についても土佐コウゾが消えることへの危機感を強く持っており、これまで付き合いのあった栽培者については、思うような質のコウゾでなくてもなるべく買い取るようにしているとのことであった。また、若くてやる気のある栽培者がコウゾを適切に管理していくのであれば応援する、コウゾもきちんと買い取りたいと語っていた。

高質な和紙原料を求める声があるものの、３世代以上にわたりコウゾの株を受け継ぎ、また、植え直してきた栽培者は、「紙漉きらあがそう言うてもテコに合わん（手に負えない）、止まらあね」と語り、コウゾ栽培に諦めを見せていた。せめてコウゾ黒皮の買取価格が４万円になれば栽培を続ける人も出てくるだろうが今のままでは難しいと語る村人もいた。

和紙製造業者は、２００８年頃から和紙そのものの需要が低下し、和紙原料の在庫を抱える中で、それまで付き合いのあった栽培者については、栽培を続けてくれるよう無理をしても買い取ってきたが、段々と値段を下げざるを得ない状況になりつつあるとのことであった。

２０１１年及び２０１２年には、柳野地区の和紙原料を買い取り続けてきた和紙製造業者や仲買人、ＪＡが買い取りをやめたため、村人が新たな販売先を見つけられずにいるという状況も生じていた。見かねた他の栽培者の仲介により販売することができたものの、村人にとって和紙原料の販売先の選択肢は狭まりつつある。

さらに、コウゾ栽培意欲の減退に拍車をかけているのがイノシシによる食害である。イノシシがコウゾを食べることなど知らなかったと語る村人もおり、２０００年頃まではイノシシによるコウゾの食害に遭うこともなかったという。柳野地区において、イノシシがコウゾの株から出てきた芽を食べる食害が深刻化したのは２０１０年のことであった。５月から9月にかけて生じることが多く、芽をかじられた株は枯死することもあった。食害のみでなく、イノシシが背中などをこすりつけることにより、枝が折れることもあった。

柳野地区ではコウゾ畑に広く食害が及んでおり、コウゾ栽培地０・４haの半分が被害にあった世帯もあるほか、７５０kgほどの収穫見込みが半分になってしまった世帯もあった。２０１１年から２０１２年にかけて柳野地区の栽培者7世帯のうち6世帯のコウゾ畑にイノシシの食害が生じていた。被害に遭った面積は把握できた箇所のみで約０・６ha、80年生の株を含め少なくとも１１０株が食害によって枯死し、植え直しを余儀なくされていた。今後、イノシシの食害が生じた場合、もうコウゾ栽培は諦めるという栽培者もいた。

いの町ではコウゾについてはイノシシの食害が主であるものの、一部ではサルによる食害や枝が折られるなどの被害も生じている。また、和紙原料問屋での聞き取りによれば、高知県北東部ではイノシシのみでなくシカによる食害もあるという。京都府や岐阜県などでもシカによるコウゾの食害が深刻化しており、獣害が全国的に和紙原料の栽培を衰退させる大きな要因となる可能性があろう。

3.「和紙の力」を脅かす問題点

(1) 生産立地における問題点

コウゾやミツマタは、もともと四国山地に自生しており、傾斜地や標高の高い場所でも良く育つ山村に合った作物であった。しかしながら、それは作業のしにくい場所が栽培適地であり、またアクセスの困難な栽培地を含むことを意味していた。さらにミツマタは連作が困難であり日陰でも育つため、焼畑と組み合わせた栽培ができた。強風が入り込みにくい場所を選ぶことも重要であった。このような生産立地における制約は、和紙原料栽培を衰退させる要因となった。柳野の山々には、かつて棚田や焼畑、採草地、コウゾ畑、薪炭林、植林地などが広がっていた。村人たちは朝早くから山に入り、夕方には学校から帰った子どもが山に上がって荷を背負って降りた。村人が日常的に山に入るなかで、山のコウゾ畑や焼畑でのミツマタ栽培も維持されてきた。しかしながら、植林が進むなかで、アクセスの悪い場所にあるコウゾ畑は放棄もしくは植林地に変わることとなった。

さらに傾斜地での栽培という制約は、高齢化が進む中で作業を困難にさせることとなり、手入れ不足と質の低下、さらには耕作・収穫放棄地を生み出すことにもなった。また、アクセスや作業のしやすさを優先して、必ずしも適地ではない家屋の周囲や田に植えることがコウゾの質を下げる要因になっていることも考えられる。

また、強風が入り込みにくい場所を選んでも完全に避けられるわけではなく、常に枝に傷が付くリスクを負うことになり、ヤケが入った和紙原料は安価での買い取りとなる。台風による土佐コウゾのヤケ被害の拡大は、和紙原料の安定的な確保を重視する和紙関連業者らに原料の輸入を促すことにつながり、国産の和紙原料を脅かすこととなった。さらに、山の斜面にある畑はイノシシの生息場所と隣接しており、常に獣害にさらされる。数年で植え替えることが多いミツマタと違い、長期間にわたり株を利用できることがコウゾの利点であったものの、イノシシの食害と株の枯死は、村人にコウゾ栽培を諦めさせるインパクトを持っていた。

和紙原料の栽培地が有する立地上の制約やリスクは、和紙原料の質及び量的な安定性を困難にする側面を有しており、それが和紙原料栽培の衰退要因となったのである。

(2) 技術的側面における問題点

和紙原料は、収穫したものがそのまま販売できるわけではなく、様々な加工作業が必要であることも特徴であった。しかも、加工に多くの時間がかかった。枝を蒸す作業は1カマで5貫を加工するのに3時間かかるとすると、２００貫分の黒皮なら40カマ、計１２０時間を要することとなる。コウゾ黒皮10貫が3万円で販売できるとしても、草刈りや収穫、運搬作業に加え、枝を蒸す作業が6時間必要であり、村人は「割に合う作業」とは捉えていなかった。

１９７５年以前、加工作業は主にイイや多くの家族での共同労働によって行われていた。みなでいろいろな話をし、蒸したサツマイモを食べながらの共同作業は、楽しみや支え合いという側面を有していた。しかしながら、それが少人数での単調かつ長い作業に変わり、賃金を払わねばならなくなったとき、経済的見返りや時間効率的に「割に合わない」作業と評価されることになったと考えられる。また、より高く売れる六分へグリや白皮にするためのへグリ作業は、繊維を損なうことなく傷や休眠芽を探して、小刀で細かく表皮を削らねばならない。細かい傷を見落とさないように行うへグリ作業は機械化が困難であり、長年の経験に基づく手作業に頼らざるを得ないため、村人に嫌がられてきた。

このような和紙原料の加工作業における手間と雇用労働化は、和紙原料から得られる利益を減じさせ、和紙原料生産の魅力を損なうことにもつながっていると考えられる。

(3) 流通における問題点

和紙原料は、土佐藩による栽培奨励や和紙の自由取引許可のなかで、古くから投機的な意味を持つ商品作物として根付いてきた。明治期に入った後も一時的な高騰で栽培者に大きな利益をもたらすこともあった。ミツマタは、印刷局が生産者らと話しあって買取基準額を決める局納ミツマタがあり、価格下落を防いできた。コウゾも、一時的な好況と価格下落はあったものの、１９９０年代以降も漸増と漸減を繰り返してきた。

そのような状況が変化したのは、２００９年以降のことである。多くの在庫を抱えた和紙製造業者による和紙原料の買取控えもしくは原料の選別と買取価格の下落、仲買人などの廃業が生じたのである。その背景には、輸入原料の安さ、和紙の需要低下、和紙原料の質の低下があった。低質な国産和紙原料は輸入原料と価格面で競合することになる。しかし、１９７０年代半ばから和紙原料輸入が進むなかで、輸入原料との競合問題の深刻化を遅らせたのは、和紙関連業者らの土佐コウゾ消滅への危機感であったと考えられる。しかしながら、和紙需要が低下する中で、高質な原料としての土佐コウゾという看板からかけ離れた低質な和紙原料まで支援しきれないという状況に至っていると考えられよう。

和紙原料のかつての好況や、買取価格は安くなったものの作れば売れた時代を知る栽培者にとっては、生産立地や技術的側面に様々な問題を抱える中で、十分な手入れをして高質な和紙原料を生産するという切り替えへの抵抗感は根強く、また、体力的な余裕のなさもある。村人の求める買取価格と和紙関連業者が求める原料の質や加工の程度が適合すれば、和紙原料の栽培は維持されると考えられるが、その具体的な方法の模索ではなく諦めが先行しており、柳野からコウゾ栽培が消える最終局面に至っているともいえよう。

4.「田舎暮らし」で和紙原料を活かす道

本章では、地域社会における和紙原料生産の動態と衰退要因を描いてきた。笠井（１９７７）は明治末から昭和40年代までに全国の和紙原料栽培地が「下から山に向かって茶・ミカン・桑に圧迫され、山から下に向かって人工造林の圧迫を受け」、また安価な原料に押され、病虫害も生じるなかで衰退してきたことを報告している。恩田（１９９５）も、和紙需要の減退や栽培農家の労働力の弱体化、労働生産性の低さ、和紙原料の輸入などにより、１９９０年代初めまでに高知県の和紙原料生産が衰退したとしている。

これらのいずれの要因も、柳野地区の和紙原料生産を脅かし、衰退させてきた。しかしながら、これらの研究が行われてから20年以上が経過してもなお、柳野地区では和紙原料生産が続けられてきた。本章では、他地域と同様にこれらの衰退要因を受けながら、それでも生き残ってきた和紙原料産地が消滅しつつある最終局面を描いた。それは生産立地の側面から言えば、他の作物や植林への転換、耕作放棄が進むなかで、株を長期利用できるがゆえに栽培が維持されてきたコウゾへのイノシシによる「最後の一噛み」であった。

技術的側面としては、和紙原料という製品がその加工技術の「非効率性」や「労働対価の低さ」という問題を克服できぬまま、魅力を失いつつあった。それは「非効率性」や「労働対価」という味気ない概念を、支え合いや楽しみを有する「共同性」によって乗り越えてきた地域社会の叡智の敗北とも言えるかもしれない。しかしながら、これらの問題を乗り越えて和紙や原料栽培が続いていく可能性が消えたわけではない。

２０１４年11月に「日本の手漉き和紙技術」として石州半紙・本美濃紙・細川紙の手漉き技術がユネスコ無形文化遺産に登録されたことで、原料を巡る状況が変わりつつある。これらの登録を受けた和紙は、国産コウゾのみを利用することとされているが、高知県のみでなく茨城県大子町などのコウゾ産地においても生産量の減少は深刻である。２０１５年に入り必要な原料が確保できない和紙産地が生じているほか、数少ない原料をめぐり買い占めを試みる業者も生じつつある。その一方で、このような変化が原料の買い取り価格などに反映されていないという側面もある。原料の質の向上と稀少性に応じた価格の設定が進めば、和紙原料の栽培が続けられていく可能性は高まると考えられる。

また、コウゾやミツマタは、山村の人々にとって大事な収入源であり、山村に合った重要な資源でもある。このほか様々な機能を有しており、その活用は山村に新たな可能性をもたらしうると考えられる。例えばコウゾは山村の収入源の一つであるコンニャクに日陰を提供するという庇陰植物としての機能を有している。コンニャクは乾燥や強風に弱いため庇陰植物が必要であり、コウゾと同様に水はけの良い場所での栽培が適しているほか、コンニャクへの施肥や肥草入れはコウゾへの養分供給にもなる。

山村の収入源や楽しみを広げるものとしては、ミツマタの蜜源機能も挙げられよう。山村ではニホンミツバチなどの養蜂が行われており、蜜源となる植物が必要である。雪が残りまだ花が少ない春先

写真５－７　地域と大学との協働によるコウゾ栽培

に花を咲かせるミツマタは、冬を越して活動を再開し始めるミツバチにとって大事な蜜源にもなる。さらに日陰を好むミツマタは、手入れなどが行われていないスギなどの人工林の下でも育つことができ、有毒であるためシカやイノシシなどの獣害にも遭いにくい。

また様々な作業における共同作業は衰退しつつあるが、人のつながりが必要な作業の多さは、そこに学生や都市住民などボランティアを含む外部者がかかわれる可能性があることを意味している。近年、筆者は大学生らとともに「ここがどうしても大変」というような農作業への手伝いを続けてきた（写真５－７）。傾斜のきつい山の畑から収穫したコウゾを細い山道を歩いて運搬する作業などは、山村の高齢者にとっては危険の伴う重労働である。それがコウゾ栽培を諦める理由にもなっており、また育てたコウゾを誰も収穫しないというような畑もある。高い技術はなくても足場の悪いところを歩き回れる体力があれば、学生などのボランティアでもコウゾ運搬は可能であり、十分活躍できるのである。

収穫したコウゾの皮剥き作業にはコツがあるものの、みんなで賑やかに話しながらコウゾを剥いていく作業は楽しく、共同での作業は多くの人が集まる「賑わいの場」となりうる。これらの様々な機能や楽しさ、共同性の必要性ゆえに広がる人のつながりを活かしていくことが、数百年にわたり山村の気候や地理的条件のなかで作られてきた和紙原料を受け継ぎ、また山村に様々な豊かさや人のつながりを作り出していく道を示してくれるのではないだろうか。

付記

現地調査及び資料収集については、日本学術振興会・科学研究費補助金（基盤研究B）「限界集落における持続可能な森林管理のあり方についての研究」（代表奥田裕規）及び日本学術振興会・科学研究費補助金（挑戦的萌芽研究）「和紙原料栽培の多面的機能を活用した地域社会の再構築方策の検討」（代表田中求）、九州大学社会連携事業費「高知県いの町における地域社会・企業・大学の協働による『和紙の力』再構築プロジェクト」（代表田中求）として実施した。

本章は林業経済研究誌60巻2号に掲載された「和紙原料を巡る山村の動態―高知県いの町柳野地区

の事例―」を元に加筆修正を行ったものである。

参考・引用文献

上田剛司（１９９５）土佐典具帖紙物語、季刊和紙 No.10、p19-21
恩田英子（１９９５）三椏・楮の生産・流通構造の変化、林業経済研究 No.127、p191-196（p192）
笠井文保（１９７７）和紙生産の立地とその変遷（２）、農村研究 Vol.45、p34-50
加藤晴治（１９６５）和紙に関する研究―和紙生産の統計的考察、紙パ技協誌 Vol.19（10）、p495-502
菊池万雄（１９５７）農村家内工業としての和紙製造業、日本大学文学部研究年報 Vol.7（2）、p267-287
菊地正浩（２０１２）和紙の里探訪記、草思社、312pp
高知県経済部（１９３７）製紙原料作物の栽培と取引、高知県、p13
高知県商工振興課（２００６）高知県紙及び製紙原料生産統計、高知県、p24
吾北村（２００３）吾北村史改訂版、721pp
塩田哲夫（１９９５）土佐の製紙原料、季刊和紙 No.10、p48-49
清水泉（１９５６）土佐紙業史、高知県和紙協同組合連合会、360pp
高城寛（１９８２）土佐（高知県）和紙業の展開過程―明治期を中心とする問屋制との関係、経営経済 Vol.18、p78-117
田中求（１９９６）山村における山と林家の関わりの変容―高知県吾川郡吾北村柳野本村集落の事例―、森

林文化研究 Vol.17、p83-96
田中求（２０１４）和紙原料生産を巡る山村の動態─高知県いの町柳野地区の事例─、林業経済研究、Vol.60、No.2、p13-24
日本特産農産物協会（２０１２）特産農産物に関する生産情報調査結果、p8 & 10
日本特産農産物協会（２０１４）特産農産物に関する生産情報調査結果、p10-13
農林水産省農産園芸局畑作振興課（１９９５）和紙原料に関する資料、農林水産省、42pp
農林省山林局（１９３６）焼畑及切替畑ニ關スル調査、農林省、85pp
農林省振興局特産課（１９６１）特殊農作物の動向、農林省、183pp
農林省大臣官房統計課（１９２６）大正十三年第一次農林省統計表、農林省、p39
農林省大臣官房統計課（１９３６）昭和十年第十二次農林省統計表、農林省、p51
農林省高岡農事改良実験場（１９５０）製紙原料の栽培、高知県経済部紙業課、85pp
福井勝義（１９７４）焼畑のむら、朝日新聞社、p9-11 & 144 & 163-166

第６章
地域主体のガバナンスをどうつくるか

八巻一成

1. レブンアツモリソウというコモンズ

いつの時代も野に咲く可憐な花々は人々の心を魅了する。その花が珍しいものであればあるほど尚更のことであろう。本章の舞台となる北海道礼文島は、海抜ゼロメートルから希少な高山植物が咲く、「花の浮島」として有名な島である。長い冬を耐え忍びながら、植物たちは最果ての短い夏を謳歌するように花々を次々に咲かせる。そして、その美しい花畑を求めて、多くの観光客が全国から押し寄せる。

限られた夏の時期の離島を旅する旅人の目に礼文島は一見、高山植物が咲き乱れる穏やかな桃源郷のように映るかもしれない。しかし、この高山植物のお花畑は、多くの人々の努力なしには維持できないのである。今でこそ関係者の努力の甲斐もあって、観光客によるお花畑の踏み付けや、ゴミの投棄などはほとんど見られなくなったが、ここに至るまでにはただならぬ苦労があった。そのような中、たび重なる盗掘の被害からかろうじて生命をつないでいる植物が、礼文島の固有種であるレブンアツモリソウである。

レブンアツモリソウのような絶滅の恐れのある動植物は、生物多様性の重要な一角を構成しており、世界中で絶滅の恐れのある種は2万種に上るとされる*1。わが国で絶滅の恐れのある動植物は3500種ほどあり、そのうちの2200種が植物である*2。様々な生物が織りなす生物多様性がもたらす恩恵は生態系サービスと呼ばれるが、これらの種が永遠に地球上から失われれば、我々に対する様々な恩恵も永遠に失われることになる。レブンアツモリソウは礼文島という地域の固有の資源であると同時に、全人類共有の資源でもあり、言わば唯一無二の存在である。

レブンアツモリソウを絶滅の危機から救うため、絶滅のおそれのある野生動植物の種の保存に関する法律（種の保存法）によって、保全のための取組が現在進められている。初夏の観光シーズンの初めに可憐な花を咲かせるレブンアツモリソウは、島の観光にとって重要な観光資源となっている。しかし、地域住民にとってそれは必ずしも生業に直結する資源というわけではない。そのため、地域住民がレブンアツモリソウを主体的に保全しようとする動機付けは比較的乏しい。また、礼文島は少子高齢化が進む過疎の島でもある。レブンアツモリソウの保全や管理を担う人材の確保も容易ではない。レブンアツモリソウを保全する取組は、もともとは礼文町独自の活動として始まったものであるが、今では町役場をはじめとして国など様々な行政機関が関与しながら進められている。

しかし、礼文島という島にのみ生息する地域のローカルな資源から、国が関与するより広域レベルでの資源へと保全のレベルが大きくなっていく中で、レブンアツモリソウと地域とのかかわりにも大きな変化が生じた結果、これまでとは異なる問題が起きてきている。本章では、高齢化が進む過疎地域において、レブンアツモリソウという希少なコモンズを守るために、行政による管理システムや地域はどうあるべきかについて考えてみたい。

2. 礼文島とレブンアツモリソウ

礼文島は日本の最北に位置する、南北29㎞、東西８㎞ほどの細長い島である。江戸時代末期から明治にかけて、ニシンや、タラ、昆布などの豊富な水産資源を求めて、島への入植が始まった。１９５６年に島の人口はピークの1万９９人に達したが、その後のニシン漁の不振によって減少し、その傾向は現在まで続いている。２０１０年時点での島の人口は３０７６人であり、このままの推移でいくと２０３５年には１６００人までに減少すると予測されている。65歳以上が人口に占める割合を示す高齢化率の値も30・１％（２００５年）と高く、少子高齢化による急激な過疎化が進行している状況にある。

この島は全体的に丘陵地形であることに加えて気候が冷涼であることから、農耕には適さない。そのため、住民のほとんどが水産業やその関連産業に携わって生計を維持してきた。しかし、上述したニシン漁の不振によって、その後の産業構造は激変した。近年では、高山植物や最北の風景を楽しみに訪れる観光客に支えられた観光業が、島の重要な産業の一つとなっており、産業別就業人口の割合は、第一次産業37％、第二次産業14％、第三次産業49％となっている（２００５年）。

さて、花の浮島とも呼ばれる礼文島は、草原や笹原で覆われている部分が多く森林が少ないが、それは燃料用の過度の森林伐採と明治期に重なった山火事のためであると言われている。島の多くの場所では笹原が優占しており、西海岸沿いには高山植物が咲く草原状の植生が広がっている（写真６—

写真6－1　礼文島西海岸

1）。礼文島では冬季に北西の強い季節風が吹くため、島の西海岸沿いでは雪が吹き飛ばされてしまい、積雪がそれほど深くはならない。その結果、土壌凍結に耐えられない笹は生育できず、その代りに高山植物が海抜ゼロメートルから咲くという、日本では珍しい風景が見られるのである。それを楽しみに、高山植物が咲き乱れる短い夏には、この最果ての島に大勢の観光客が訪れる。

高山植物が乱舞するシーズン初めの5月下旬から6月上旬にかけて花を咲かせるのが、レブンアツモリソウである（写真6―2）。レブンアツモリソウはラン科に属する植物であり、直径3～5㎝程度のクリーム色の円い袋（唇弁）をつけ、赤色の花をつけるアツモリソウの固有変種とされる。アツモリソウは北海道に限らず本州にも自生しているが、クリーム色のレブンアツモリソウは礼文島にしか生息していない。この花は、日本版レッドデータブックで絶滅の恐れのある種として絶滅危惧ＩＢ類に分類されており、その特徴的な形態と希少性から植物愛好家に人気が高い。また、島の北部鉄府地区にある自生のレブンアツモリソウが唯一鑑賞できる群生地には、毎年大勢の観光客が訪れる（写真６―３）。２０１０年の島への観光客の入込数は15万４０２３人であったが、このうちレブンアツモリソウ群生地を訪れた人の数は３万２４５７人で、その割合は21・１％、５人に１人がレブンアツモリソウを見に島を訪れている。この数をアツモリソウ群生地の入込客数がピークの６月のみで見てみると２万７００６人となっており、島への観光入込客数が３万３６３０人であることから、実に80・３％がレブンアツモリソウを見に島を訪れている計算になる。レブンアツモリソウは、漁業と並んで島の基幹産業である観光業を支える重要な資源の一つなのである。

　このように、今でこそレブンアツモリソウは島の重要な観光資源となっているが、島民にとっては初夏に咲く花の一つにすぎなかった。真偽のほどは定かではないが、昔は随所でレブアツモリソウを見ることができたという。袋をつまんで、風船やボールのようにして遊んだとか、袋をつぶして遊ん

写真６―２　レブンアツモリソウ

写真６―３　レブンアツモリソウ群生地

だとかいう話も古老たちからは聞かれる。また、自生する株を山から採取してきて庭先で植えて楽しんでいた人もいるという。レブンアツモリソウの存在は、生活にささやかな楽しみを与えるといった程度のものでしかなかったが、礼文島の人々にとって比較的親しみのある花ではあったようだ。しかし、今は、島の北部に残るレブンアツモリソウの最大の自生地は柵で囲われ、中に立ち入ることはできない。昔は最寄りの鉄府集落から小学校までの通学路が自生地の中を通っていたというが、今では集落と自生地との関係も切れつつある。

　レブンアツモリソウが絶滅の危機に瀕するようになったのは、１９７０年代頃からであり、いわゆる山野草ブームを発端とした、たび重なる盗掘の被害が大きく影響し

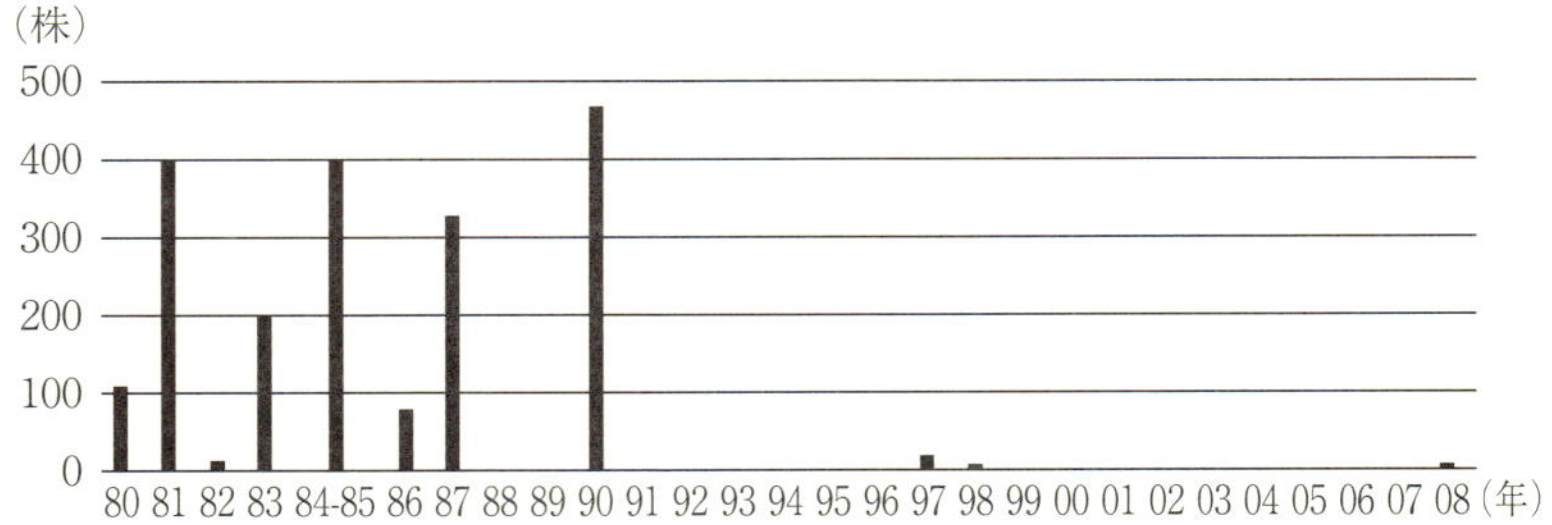

図6—1　これまでの盗掘被害状況

写真6—4　2008年に発生した盗掘被害（矢印が被害箇所）

ている（図6—1、写真6—4）。

この頃、レブンアツモリソウに限らず山野草ブームによって引き起こされた高山植物の大量盗掘が、全国各地で深刻な問題となっていたが、山野草の中でもレブンアツモリソウは特にマニアの垂涎の的となっており、現在では1株数万円程度で取引されることもあるという。このような盗掘被害によって個体数は激減し、現在では島北部の群生地のほか、南部に少数の個体が確認されるのみである。

3．レブンアツモリソウを守るための取組

盗掘によってその数が激減したレブンアツモリソウを守るための取組は、現在に至るまでどのように進められてきたのであろうか。基幹産業であった漁業の衰退が進んだ一方で、離島ブームに支えられた観光業は、漁業と並ぶ島の主要産業に次第に成長していった。そのような中、たび重なる盗掘被害から観光資源として重要なレブンアツモリソウを守るため、１９８２年に礼文町は鉄府地区の群生地に立入禁止のための木柵の設置を行った。続いて１９８３年に町は関係機関に呼びかけを行い、「礼文島高山植物保護対策協議会（以下、高山植物協議会）」を設立し、本格的に高山植物の保護活動を開始した（図６―２）。

翌年には、島北部鉄府地区にある「レブンアツモリソウ群生地」14・1haを町天然記念物に指定した。レブンアツモリソウを盗掘から守るための取組はこうして始まったのであるが、その後も盗掘被害は収まる気配を見せず、生息数の減少がますます深刻さを増していった。そこで町では１９８６年に「高山植物培養センター」を設置し、盗掘の監視という守りばかりではなく、人工培養によって人工的に繁殖させるという攻めの活動を開始した。さらに、夜間の監視活動を開始するなど、監視体制も強化

レブンアツモリソウ保護増殖事業

1．生息状況等の把握・モニタリング
2．生息地における生育環境の維持・改善
3．人工繁殖及び個体の再導入
4．生息地における盗掘の防止
5．普及啓発の推進
6．効果的な事業の推進のための連携の確保

礼文島高山植物保護対策協議会

1．高山植物の保護に関する協議・情報交換・啓発・指導
2．自然環境の保護に関する協議・情報交換・啓発・指導
3．その他

図６―２　保全活動の全体構造

した。このような努力が功を奏して、その後の大量盗掘は激減していった。また、上記の島北部の群生地は国有林内にあったことから、１９９２年に「レブンアツモリソウ群生地保護林」として林野庁の指定を受けた。１９９４年には、この群生地の町から道の天然記念物への格上げも行われたほか、同年にレブンアツモリソウは種の保存法によって国内希少野生動植物種に指定された。

現在、国内希少野生動植物に指定されている種は全部で90種であり、そのうちの26種が植物である。国内希少野生動植物種に指定された動植物のうち、個体の繁殖や生息地の保護を積極的に図っていくことが必要とされる種については保護増殖計画が策定され、それに基づいて現在、48種を対象に保護増殖事業が実施されている。レブンアツモリソウについても、１９９６年から「レブンアツモリソウ保護増殖事業（以下、保護増殖事業）」が開始された。

１９９７年には保護増殖事業にかかわる組織間の連絡調整を行う場として、「レブンアツモリソウ保護増殖事業者連絡会議（以下、連絡会議）」が設置された[＊3]。

ここでは保護増殖事業にかかわっている環境省、林野庁、北海道、礼文町の行政担当者に加えて、レブンアツモリソウの研究を行っている大学及び研究機関の関係者らが年に一度集まり、お互いの情報の交換、共有を行っている（表６―１）。

さらに２００４年には、レブンアツモリソウの保護増

表６―１　レブンアツモリソウ保全にかかわる関係者

		レブンアツモリソウ保護増殖事業		礼文島高山植物保護対策協議会
		保護増殖分科会	保護増殖事業者連絡会議	
行政組織	環境省	○	○	○
	林野庁	△	○	○
	北海道	△	○	○
	礼文町	△	○	○
礼文町内組織	礼文町防犯協会			○
	礼文町観光協会			○
	礼文町旅館組合			○
	礼文町商工会			○
	鉄府自治会			○
	船泊森林愛護組合			○
	香深森林愛護組合			○
ボランティア	礼文島自然情報センター			△
	レブンクル自然館			△
	パークボランティア（環境省）			△
その他	研究者	○	○	
	稚内警察署			○
	監視員			△
	花ガイドクラブ			△
	グリーンサポーター（林野庁）			△

○：委員、事務局として参加。
△：オブザーバーとして参加。

殖のあり方を科学的な視点から検討するために、「レブンアツモリソウ保護増殖分科会（以下、分科会）」が環境省によって設けられた*4。これには、上記の研究者らが委員として名を連ねるほか、林野庁、北海道、礼文町がオブザーバーとして参加している。

レブンアツモリソウの保全は、大きく二つの取組からなっている。一つは自生地の保全であり、盗掘を防ぎ残された自生株を保護することである。もう一つは人工培養技術を用いて、人工的に個体数の増殖を図ることである。現在、北海道大学と町が連携しながら、共生菌培養法という新たな技術によって取組を進めている最中である。これらの活動を中心的に実施しているのが保護増殖事業であるが、その中で今後の取組について議論され、方針決定が行われる場となっているのが分科会である。一方、高山植物協議会は、高山植物自生地の保全を目的としたものであるが、レブンアツモリソウ自生地の監視活動にも大きく関与しており、実質的な監視、盗掘防止のための啓発活動は高山植物協議会が行っている。このように、レブンアツモリソウの保全活動は保護増殖事業と高山植物協議会が連携しながら行っており、そこには様々な関係組織、関係者がかかわっている*5。この中には行政機関や公的組織ばかりではなく、地域で自主的に保全活動を進めているＮＧＯやボランティアなどの組織や個人も含まれており、多様な関係者がレブンアツモリソウの保全活動にかかわっている。

4. ガバナンスの変化

上述のように、レブンアツモリソウを保全するための取組は、種の保存法の指定により国が関与するようになったことで、以前よりも充実したように見える。保全に関する法制度の整備や財源面での国からの支援といった点では、確かにそうかもしれない。しかしその一方で、レブンアツモリソウと地域との関係に新たな問題も生み出している。ここでは、「ガバナンス」という概念を用いながら、この点について見ていくことにしよう*6。

(1) ガバナンスとはなにか

「ガバナンス」とは近年、政府による様々な政策の行きづまりが顕在化するようになってきている中で、政策の実施にかかわる政府を含む関係者の役割や協働のあり方について論じる際によく用いられる表現である。ガバナンスという概念の特徴は、政策実施のプロセスを従来のような政府や行政中心と見るのではなく、それらを含む関係者の関係性から理解しようとする点にあり，そこに有益かつ新たな視座が存在する。環境保全や資源管理といった分野におけるガバナンスの定義として知られるのが、松下（２００７）による「上（政府）からの統治と下（市民社会）からの自治を統合し、持続可能な社会の構築に向け、関係する主体がその多様性と多元性を生かしながら積極的に関与し、問題解決を図るプロセス」というものである。この定義においては、これまでの政府を中心とした上からの統治ではなく、市民社会も加えた新たな統治のあり方としてガバナンスを位置づけている。ガバナンスという概念は、政府中心による統治の限界を踏まえて、新たな統治のあり方を構築しようとすることを念頭に置いていると言える。

このようなガバナンスの本質を、そこに関係する主体間のネットワークという点から理解しようとしたのがローズ（Rhodes, 1997）である。ローズはガバナンスの特徴を、組織間をつなぐネットワーク構成員間の相互関係によって自己組織化するネットワークと捉えた。ネットワーク構成員とは、統治にかかわる組織や個人を指しており、これらの構成員のネットワークによってガバナンスが形づくられる。また、自己組織化とは、構成員間の相互作用によって、ネットワークが自律的に機能する組織体のように振る舞う状態を指している。要するに、当事者同士が各々の所属する組織の壁を越えて自律的に連携、協力し、あたかも一つの大きな組織として有機的に機能しながら問題に対処していこうとする様が、望ましいガバナンスの姿としてイメージされている。

以上を踏まえながら、レブンアツモリソウ保全におけるガバナンスを見ていくことにしよう。

（2）レブンアツモリソウ保全をめぐる関係者の変化

上述のように、１９８３年に町は高山植物協議会を設置し、レブンアツモリソウを含めた高山植物の保護活動を本格的に開始した。高山植物協議会の主な活動は、盗掘防止のための監視とマナー啓発活動であり、町役場を中心とする町の関係機関に加えて営林署（当時）が共同で実施し、今日に至るまで継続的に行われてきている。さらに町は、１９８６年から人工培養による繁殖事業を始めている。このように、レブンアツモリソウ保全の取組は、礼文町役場が中心となって始められており、それに町内の関係機関や営林署が協力するという体制になっていた。

ところが、１９９４年の種の保存法による指定以降、その様相は変化していく。１９９６年から開始された保護増殖事業は、国が主導して環境省、林野庁、北海道、礼文町の連携協力により実施されることとなった。それまでレブンアツモリソウは、礼文町という地域のローカルコモンズとして保全されてきたが、一転して国という上位レベルの主体を中心とするコモンズへと変貌した。このことは、国からの資金やより広い範囲からのサポートというメリットをもたらした方で、レブンアツモリソウと地元との間に微妙な距離を生み出すこととなった。

その端的な例が、２００４年の分科会の設置である。分科会と対をなす連絡会議は、分科会が設置される以前の１９９７年から存在しており、保護増殖事業にかかわる各組織の事業について連絡調整を行うための場として、言わば自発的な集まりとして発足したものである。一方の分科会は、生息地保護や保護増殖のあり方などについて科学的な見地から検討を行う場として、種の保存法に基づいて環境省が設置したものである。分科会が設置されるまでは、連絡会議が関係者間の合意形成のための実質的な場となっていたが、分科会設置以降は、分科会が連絡会議の上位機関として、レブンアツモリソウ保護増殖に関する最終的な意思決定の場として位置づけられることになった。分科会は複数の科学者からなる委員と、礼文町を含む林野庁、北海道といったオブザーバー、事務局である環境省によって構成されており、連絡会議においては対等な関係にあった関係者に、委員やオブザーバー、事務局というそれぞれ異なる立場、役割が新たに付与されることとなったのである。絶滅危惧種の保全には科学的知見に基づいた適切な対応が必要なのは言うまでもない。しかしそのことは、レブンアツモリソウと地域との間に、以前とは異なる新たな関係をもたらしたのである。

また、こうした一見、制度の拡充、充実とも思われる各種体制の整備は、レブンアツモリソウ保全にかかわるガバナンスのわかりにくさをもたらす結果となった。上で述べたように、保護増殖事業には分科会と連絡会議という2つの会議が設置されている。しかし、それぞれ構成員の範囲は微妙に異なっている。表6―1を見ると、分科会と連絡会議の関係者の所属は重なっており、相互連携がとれているように見る。しかし、関係者を個別に見ていくと、参加範囲は微妙に異なっている。分科会は年に1回、礼文島ではなく札幌で開催される。この会議の座長はレブンアツモリソウの研究者ではないことから、連絡会議には通常参加しない。そのため、連絡会議での議論や現場での実態が座長には把握しにくい状況にあった。一方、連絡会議に参加している林野庁や北海道の現場担当者は、分科会には参加しない。また、自生地の監視や啓発活動は保護増殖事業が開始された後も高山植物協議会が中心となって実施しているが、高山植物協議会の関係者で保護増殖事業の会議にも参加しているのは、礼文町の担当者及び環境省、林野庁、北海道の現場担当者のみである。このように保護増殖事業の2つの会議に参加している者は限られており、これら3つの会議すべてに出席しているのは礼文町、環境省の担当者のみである。それぞれの会議の参加者の範囲は微妙に異なっており、その結果、レブンアツモリソウ保全活動の全体像が関係者にはわかりにくくなってしまっている。実際、筆者がインタビューを行った際にも、保護増殖事業の内容について現場関係者にまで十分には届いていない状況が確認された。レブンアツモリソウ保全にかかわる制度の拡充が、ガバナンスのわかりにくさを逆にもたらしてしまったのである。

加えて、行政の人事システムには、関係者の結びつきという点での問題も見られる。行政担当者は通常、２〜３年程度で部署を異動する。その結果、保護増殖事業、高山植物協議会の両方にかかわり、全体像を把握している行政担当者が定期的に異動してしまうこととなる。これまでにも町、環境省の両方の担当者が同時に異動してしまったことがあった。担当者間の人と人とのつながりが頻繁に途切れることによって、二つの制度を橋渡しする関係性がリセットされてしまうという問題が定期的に発生してしまっている。

(3) ガバナンスの舵取りの難しさ

ガバナンスが自立しながら自己組織化していくためには、リーダーシップとともにビジョンの存在が必要であるとされる（Cundill *et al.*, 2010，Folke *et al.*, 2005，Olsson *et al.*, 2004a，Olsson *et al.* 2004b）。関係者全体を引っ張っていくリーダーシップの存在によってガバナンスがまとめられ、明確な目標に向かって関係者の結束が強まるからである。そこで以下では、リーダーシップとビジョンに着目しながら、ガバナンスの変遷を追ってみることにしよう。

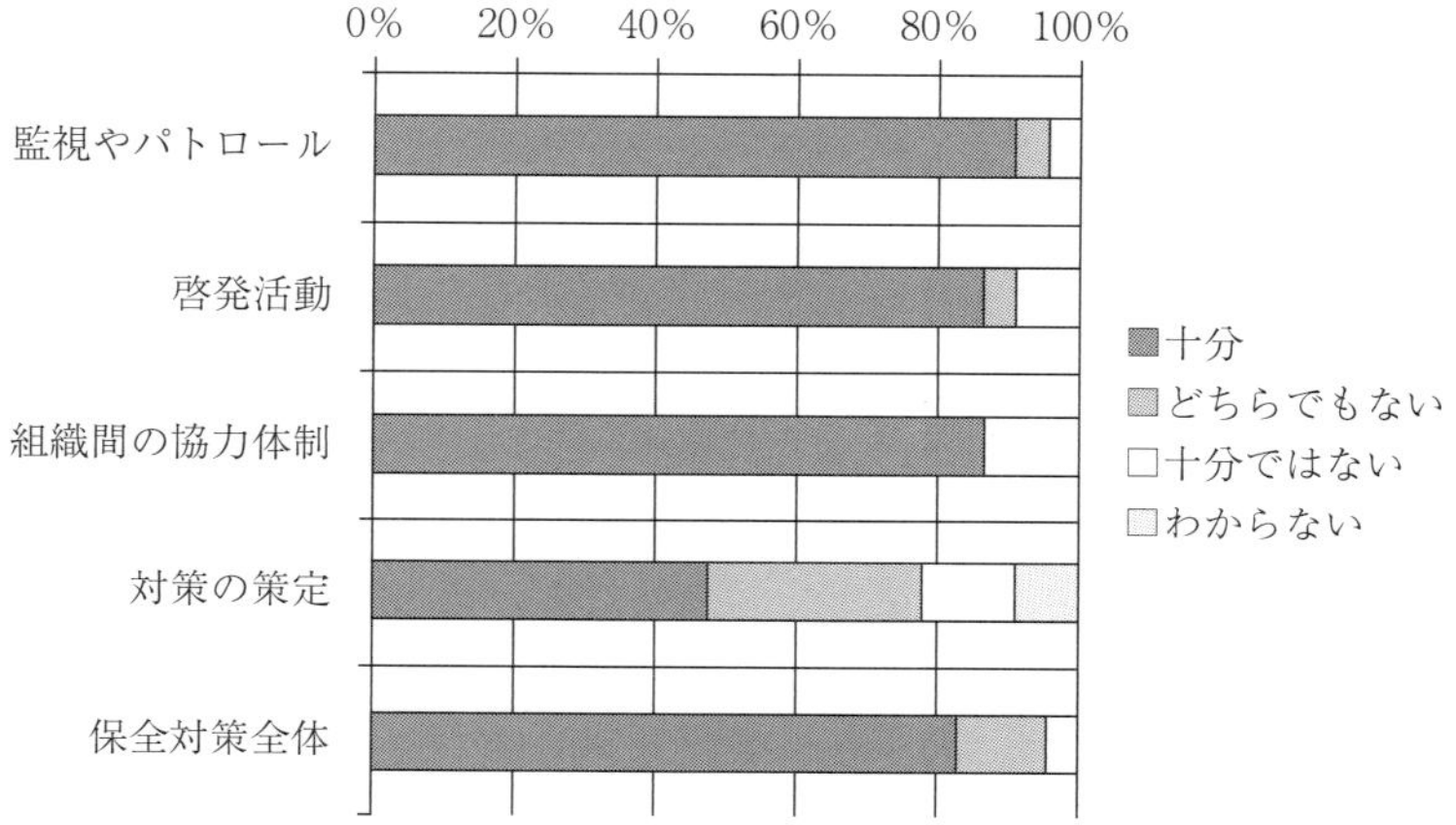

「対策の策定」の評価は、統計的に有意に低い（１％水準）。

図６—３　保全活動に対する評価

１９８３年に高山植物協議会が設置された当初は、町長の陣頭指揮のもと町役場が中心となってレブンアツモリソウの保全活動を行っていた。この時の関係者は高山植物協議会にかかわる者に限られ、リーダーシップや関係者間の構造は単純であった。しかし、保護増殖事業が開始されて以降、お互いが連携しながらも二つの異なる体制によってレブンアツモリソウの保全活動は進められることになった。その結果、リーダーシップに二重構造が生じてしまったのである。高山植物協議会の座長は町長であるが、保護増殖分科会の座長は研究者である。しかも、互いは他方の会議に参加しているわけではく、別々のリーダーシップが併存する形となっている。さらに、上述のように保護増殖事業では二つの会議が設置され、分科会の座長は連絡会議には参加していない。つまり、分科会の座長が掌握しているのはあくまで分科会の範囲であり、保護増殖事業全体ではない。このような制度、会議の二重構造が、ガバナンスの全体にも大きな影響を及ぼしていると考えられる。

ここで、レブンアツモリソウ保全活動の評価結果を示したものである。図６―３は関係者38人に対して行った保全活動に対する関係者の意識を見てみよう。監視やパトロールでは８割以上、啓発活動、組織間の協力体制では７割弱、保全対策全体では７割以上が取組を十分であると評価しており、全体としてはかなり良い評価が得られているといえる。その理由として、上述のように町役場を中心として関係者が一丸となって監視活動や啓発活動を行った結果、盗掘被害が激減するなどの成果が上がっていることがある。また、組織間の協力体制や全体としての評価が良いのも、これまでの関係者の努力のたまものであると言えるだろう。しかしその一方、対策の立案体制について現状を十分と評価しているのは４割程度に過ぎず、他の項目と比べて評価は著しく低い。その理由はなぜなのか。

その大きな要因として挙げられるのが、保護増殖事業におけるリーダーシップの弱さと明確なビジョンの不在である。上述のように、保護増殖事業に二つの会議が存在している結果、保護増殖事業全体におけるリーダーシップが曖昧となってしまっていた。それに加えて、保護増殖事業では人工培養技術を活用した自生地の復元という大きな目標があるものの、今後具体的にどのような取組を進めていくのかの明確な方針が存在しない。例えば、人工培養によって生産した苗を自然に植え戻し自生地の復元を行う、人工培養苗を販売することによって自生地における盗掘のリスクを下げるといったアイデアが出されているが、まだ十分な議論が進められているとは言えない状況にある*7。このような保護増殖事業におけるガバナンスの二重構造が、リーダーシップやビジョンの不明瞭さを招いてしまっている。関係者に対するインタビューでも「リーダーがいない」、「誰が舵取りをしているのかわからない」といった声が聞かれたが、リーダーシップとビジョンがはっきりしないため、レブンアツモリソウのガバナンスは自己組織化が機能しにくく、それが政策立案体制の低い評価を招いていると考えられる。

5. レブンアツモリソウと地域との関係の変化

レブンアツモリソウの保全活動にかかわるアクターには、保全する側と利用する側の二者が存在する。保全する側は言うまでもなく上で見てきたような関係者たちである。一方、利用する側には花を楽しむ観光客やお客を連れて案内するガイド、観光客に様々なサービスを提供する観光関係者といった人々が含まれる。花が咲くのを毎年楽しみにしている島民もここに含まれるだろう。しかし、レブンアツモリソウの保全活動からは、利用する側の人々がかなり抜け落ちてしまっている。高山植物協議会には観光協会や旅館民宿組合、花ガイド事業者が含まれているものの、これらの人々は保護増殖事業には関与しておらず、保全活動の全体像を把握していない。ある観光関係者への聞き取りから、「観光関係者と保全関係者が話し合いをする場がない」という声が聞かれたように、観光関係者と保全関係者の間には微妙な距離感が存在している。レブンアツモリソウにかかわるステイクホルダー（利害関係者）が、保全活動に十分関与しているとは言えない状況にある。

こうした観光関係者の意向をある意味代弁する立場にあるのが町役場である。町役場は観光協会の事務局も兼ねており、観光関係者の意向を吸い上げ、保全活動に関して提言を行う役割を担っている。しかし、分科会での町役場の立場はオブザーバーであり、発言はできても意思決定には関与できない。しかも、そもそも分科会は、レブンアツモリソウの保護増殖のあり方について科学的な立場からの検討を行う場であり、観光や利活用の検討は対象の範囲外である。

だからといって、町はこれまで何もしてこなかったわけではない。レブンアツモリソウを守るための取組は、もともと町が始めたものであるし、レブンアツモリソウのシンボル化やキャラクターづくりなど、むしろ積極的な取組を展開してきたと言っていい。

しかし、種の保存法の指定を受けたことで、レブンアツモリソウは礼文島というローカルな地域のコモンズから、よりパブリックなコモンズへと変容してしまった結果、地域とレブンアツモリソウとの距離が離れ、地域の発言力は相対的に低下してしまったように見える。その端的な例が、先にも述べた分科会における町の位置づけである。さらに、昔は島民にとっては遊びの対象ともなっていたレブンアツモリソウも、今では柵に囲われ容易に近づくことすらできない。身近にありながらも容易に近づけない心理的に遠い花となってしまっている。その一方で、立ち入りを許された研究者のような人々に対して、地域は必ずしも好意的には見ていないという話も聞かれる。また、レブンアツモリソウ自生地における生息数は減少傾向にあるという調査結果がある一方、自生地を管理する監視員の中には研究者とは意見を異にする人もいる。現場で毎日監視活動を続けている監視員には、レブンアツモリソウに対する彼らなりの自負があるが、そうした現場の経験知が保護増殖事業に取り入れられているわけではない。レブンアツモリソウが科学という鎧をまとうことで、科学と非科学という線引きはより強化され、レブンアツモリソウは地域からますます遠い花となってしまうという皮肉な結果が起きている。

一方、地域と外部との間に入りながら、レブンアツモリソウと地域との関係を結び直そうとしている地域ＮＰＯの役割についても言及しておく必要があるだろう。

礼文島に存在する自然環境系の唯一のＮＰＯである礼文島自然情報センターは、礼文島の自然情報の提供を目的としたニュースレターの発行やフォーラム開催のほか、学校と連携した環境教育活動や外来植物除去、自然観察会といった自然環境保全に関する諸活動を行っている。ＮＰＯ法人化の前から任意団体として活動しており、法人化は２０１２年と新しい。ＮＰＯの運営は、礼文島の自然に魅せられて本州から移住してきた２人の人物を中心に行われており、島で生まれ育った住民とは異なる目線から島の自然を見ている。海抜ゼロメートルから高山植物が咲く礼文島の自然は、一般的な日本人にとっては極めて珍しい自然であり、レブンアツモリソウも礼文島でしか見ることができない貴重な花である。

しかし、礼文島で生まれ育った住民にとっては、それが当たり前の自然であり、ごく日常の風景である。島民にとっては当たり前の、目の前の自然の貴重性を住民目線で理解しようとすることは、そうたやすいことではない。

ここで、島の外から移り住み島に根付いているＩターン者の視点は大いに役立っている。学校での出前授業も、若い世代に島の自然に対する理解を深めてもらうことを目的としたものであり、少子化が進む中で少しでも自然環境の保全を担う若者が出てくればという思いがそこにはある。また、行政が直接は実施しにくい活動をＮＰＯが代わりに担うといった役割分担もできている。さらに、レブンアツモリソウや島の自然環境を調査するために複数の研究者が来島するが、そこでもＮＰＯは、島と外部とをつなぐ接点として機能している。Ｉターン者が中心となって活動しているＮＰＯは、礼文島における自然環境保全活動を通して、島民と島の自然、島と島の外とを結びつけるため紐帯として機能しているといえる。

6．地域のレジティマシーを高めるガバナンスへ

かつては礼文島のローカルコモンズにすぎなかったレブンアツモリソウは、その希少性が認識され、種の保存法の指定によってパブリックコモンズとしての価値を持つに至った。

それによってレブンアツモリソウの保全活動は法的なお墨付きとともに、金銭や科学技術面での様々な支援の可能性を獲得した。しかし、その一方で、科学的知見を重視した保全活動の進展とともに、保全活動における地元関係者の立場は低められ、地域の意向や、現場の経験知に対する重みは軽

くなってしまった。法律の指定というお墨付きが与えられたことによって、レブンアツモリソウ保全にかかわる関係者のレジティマシー（正統性）[*8]が一層明確なものとなっていった。しかし、このことは同時に、地元関係者のレジティマシーを相対的に低下させ、地域の発言力を弱めるものとなってしまったのである。

レブンアツモリソウは、礼文島にしか生息しない貴重な植物である。少子高齢化が進行する過疎地域において、絶滅危惧種という希少資源保全のための人材や予算の確保、科学的知識や技術の取得が困難な状況において、活動を地域が自主的に進めていくのには限界がある。そのようななかにあって、国の直接的な関与によって保全活動が推進されるのは、むしろ望ましいことかもしれない。ただ、自生地の監視活動を行っているのは地域であるし、監視やパトロールのための組織の中心となって動いているのは町役場を中心とする地域の関係者である。ローカルな資源を地域が保全するという状況は以前と何ら変わっていないのにもかかわらず、地域のレジティマシーは低下してしまっている。このような状況は、地域にとって、そして地域のコモンズでもあるレブンアツモリソウにとって、本当に良いことと言えるのだろうか。

レブンアツモリソウは、絶滅危惧種であると同時に島の貴重な資源でもある。レブンアツモリソウという種の持続性とともに、地域の持続性という視点も視野に入れた新たなガバナンスの構築が必要である[*9]。

礼文島の生物多様性保全のための長期戦略として、２０１１～２０１２年にかけて礼文町生物多様性地域戦略（通称、礼文島いきものつながりプロジェクト）の策定が行われた。この戦略は、生物多様性基本法によって定められた生物多様性の保全及び持続可能な利用に関する基本的な計画として、礼文町が環境省の補助によって立案し、生物多様性保全に関する町の方針を明らかにしたものである。この中では、レブンアツモリソウを含めた島の生物多様性を保全し持続的に利用していくことが目標として定められている。２０１２年には取組を具体的に推進していくために、礼文町いきものつながりプロジェクト推進協議会が立ち上げられた。これは、高山植物協議会を発展解消させて新たに設置されたものであり、現在、体制固めを進めている最中である。保護増殖事業と連携を図りながら、レブンアツモリソウ保全を含めた生物多様性保全活動における地域のレジティマシーを取り戻していくための絶好の機会である。地域が主体となった生物多様性保全と持続的な地域づくりへの取組へ向けて、今後の展開を注視したい。

注

＊１　The IUCN Red List of Threatened Species、http://www.iucnredlist.org/

＊２　生物多様性情報システム、http://www.biodic.go.jp/rdb/rdb_f.html

＊３　連絡会議は、次の分科会との役割の重複性が以前から指摘されていたため、２０１１年度をもって解散した。

＊４　分科会は，絶滅の恐れのある野生生物の保護対策を検討するために環境省によって設置された、野生

生物保護対策検討会の下に置かれる機関であり、種ごとの専門研究者によって構成されている。なお２０１３年度から、名称が「レブンアツモリソウ保護増殖検討会」に改められた。

＊５　高山植物協議会は２０１１年度をもって解散した。なお、後述のように、２０１２年度からは礼文島いきものつながりプロジェクト推進協議会という新たな組織が発足し、島全体の生物多様性保全に関する取組を始めている。

＊６　以下の記述は、八巻ほか（２０１１）に基づいている。

＊７　その後、この研究調査を通してそのような問題点が関係者の間で少しずつ共有されるようになった結果、現在では取組の明確な方針づくりへ向けた作業が始められている。

＊８　レジティマシーは、「ある環境について、誰がどんな価値のもとに、あるいはどんなしくみのもとに、かかわり、管理していくか、ということについて社会的認知・承認がなされた状態（あるいは、認知・承認の様態）」を指す（宮内、２００６）。

＊９　自然資源の管理や環境保全のためのガバナンスの失敗を踏まえ、地域の持続性を考慮することもまたガバナンスにおいては重要であることが指摘されている（宮内、２０１３）。

参考・引用文献

Cundill, G., and C. Fabricius (2010) Monitoring the Governance Dimension of Natural Resource Comanagement. Ecology and Society 15 (1) : 15 [online]

Folke, C., T. Hahn, P. Olsson, and J. Norberg.（2005）Adaptive Governance of Social-ecological Systems. Annual Review of Environment and Resources 30、p441-473

Olsson, P., C. Folke, and F. Berkes（2004a）Adaptive Comanagement for Building Resilience in Social-ecological Systems. Environmental Management34（1）、p75-90

Olsson, P., C. Folke, and T. Hahn.（2004b）Social Ecological Transformation for Ecosystem Management: The Development of Adaptive Co-management of a Wetland Landscape in Southern Sweden. Ecology and Society 9（4）: 2. [online]

Rhodes, R.A.W.（1997）Understanding Governance: Policy Networks, Governance, Reflexivity and Accountability. Open University Press

松下和夫（２００７）環境ガバナンス論（松下和夫編）、京都大学出版会、317pp

宮内泰介（２００６）レジティマシーの社会学へ―コモンズにおける承認のしくみ―、コモンズをささえるしくみ―レジティマシーの社会学―（宮内泰介編）、新曜社、p1-32

宮内泰介（２０１３）なぜ環境保全はうまくいかないのか―現場から考える「順応的ガバナンス」の可能性―（宮内泰介編）、新泉社、352pp

八巻一成・庄子康・林雅秀（２０１１）自然資源管理のガバナンス―レブンアツモリソウを事例に―、林業経済研究 Vol.57（3）、p2-11

筆者紹介

奥田裕規──はじめに、第1章、第2章、第3章、おわりに

（森林総合研究所企画部広報普及科広報係　研究専門員）

大学卒業後、林野庁に就職し、主に国有林経営や林野行政に携わってきた。国土庁地方振興局山村豪雪地帯振興課で山村振興法の改正延長を担当したときに、もっと、山村地域の実態を知りたい、人の暮らしの現場に近いところで山村振興に繋がる仕事をしたいと思い、以来ずっと、山村地域の振興方策の在り方について研究を行ってきた。

主な著書として、

町並み景観づくりの社会連携の取組：森林総合研究所編、山・里の恵みと山村振興、日本林業調査会、２００１

山村の姿：森林化社会の未来像編集委員会編、２００２年日本の森林、木材、山村はこうなる、全国林業改良普及協会、２００３

山村の内発的発展のための条件─コモンズ論と協治論からの考察─：学位論文─東京大学（第１７６１１号）、２０１２

井上　真——第1章、第3章
（東京大学農学生命科学研究科　教授）

20歳代の頃にインドネシアのカリマンタン（ボルネオ島）に3年間滞在し、森に棲む先住民と生活を共にしながら生業としての焼畑農耕や生活実態についてフィールド研究を行った。その後、熱帯諸国の森林政策の比較研究へと展開し、特に住民の自治による地域づくりのための制度のあり方を検討した。そして、東南アジア諸国で実施したフィールドワークの知見を踏まえ、森林など自然資源の保全策の提示という実践的課題への取組を進める過程で、理論的なバックボーンであるローカル・コモンズ論のアジア的・日本的な展開を図るべく環境社会学的研究に取り組んだ。さらに、コモンズを現実にどのように活かしていくのかという課題に対して、メンバーの種類と責任に強弱をつけた「段階的なメンバーシップ」や、かかわりの深さに応じて意志決定権を付与する「応関原則」を用いた制度設計によって生成される「協治（collaborative governance）」という社会的仕組みを構想した。これにより、研究対象地は熱帯地域に限らず、日本国内の農山村地域にも拡大して内発的な地域発展について検討することができるようになった。今後はさらに環境と社会との関係に関する歴史の視点も取り入れて研究を展開してゆくつもりである。

主な著書として、
コモンズの思想を求めて：カリマンタンの森で考える、岩波書店、2004

躍動するフィールドワーク：研究と実践をつなぐ（井上真編著）、世界思想社、２００６
自立と連携の農村再生論（岡本雅美（監修）、寺西俊一・山下英俊・井上真編著）、東京大学出版会、２０１４
Multi-level Forest Governance in Asia：Concepts, Challenges and the Way Forward（Makoto Inoue and Ganesh P. Shivakoti 編著）、SAGE Publications、2015

大久保実香——第１章コラム
（滋賀県立琵琶湖博物館　学芸員）
日本の山村集落をフィールドに、暮らしの変容とこれからのあり方について研究している。
主な著書として、
祭りを通してみた他出者と出身村とのかかわりの変容—山梨県早川町茂倉集落の場合、村落社会研究ジャーナル：17（2）、２０１１

三俣　学——第４章
（兵庫県立大学経済学部　教授）
日本で古くから続く厳格なメンバーシップの入会林野の現代的な意義や課題についての検討から出発し、近年では、土地所有の如何を問わず、誰もが歩くことのできる英国の小道（「歩く権利」に基づくパブリックフットパス)、さらに道だけでなく自然全体をそのような万人のアクセスを許す場としてきた「北欧の万人権」などの研究を進めている。それらを相互に比較しながら、どのように環境資源をめぐる「環境ガバナンス」が構築しえるかということについて研究している。

主な著書として、

入会林野とコモンズ―持続可能な共有の森―、日本評論社、2004

21世紀に生きる英国の高地コモンズ―その史的変遷の分析―:グローバル時代のローカル・コモンズ(室田武編著)、ミネルヴァ書房、2009

万人権による自然資源利用:ノルウェー・スウェーデン・フィンランドの事例を基に:ローカル・コモンズの可能性(三俣学/菅豊/井上真編著)、ミネルヴァ書房、2010

コモンズ論の射程拡大の意義と課題:法社会学73号、有斐閣、2010

エコロジーとコモンズ―環境ガバナンスと地域自立の思想、晃洋書房、2014

齋藤暖生――第4章

(東京大学大学院農学生命科学研究科附属演習林富士癒しの森研究所　助教)

森林と人間の関係の希薄化について問題意識を持ち、日本や東南アジア(ラオス)、ヨーロッパ(スウェーデン、イギリスなど)で、山菜やきのこなどの採取活動を通じた研究から、ローカルな知識や技能、利用文化、社会的意義について考究してきた。同時に、同様の問題意識から、入会林野を中心に、地域の人々が地域の森林を、いかに資源と認識し、生業や日常生活の向上のために活用していけるかといった課題に、日本各地の山村で取り組んできた。近年では、勤務地である山梨県山中湖村で、放置されている森林を保養活動の場として地域関係者が主体となって創造・維持するための仕組みづくりを目指す「癒しの森プロジェクト」に取り組んでいる。

主な著書として、

コモンズと地方自治―財産区の過去・現在・未来―（泉留維／齋藤暖生／山下詠子／浅井美香編著）、日本林業調査会、２０１１

東北日本におけるキノコ採りの論理とその展開―山里の生業から都市住民のレクリエーションまで―：生き物文化の地理学（池谷和信編）、海青社、２０１２

「癒し」でつなぎなおす森と人―大学演習林からの挑戦―：エコロジーとコモンズ―環境ガバナンスと地域自立の思想―（三俣学編）、晃洋書房、２０１４

田中　求――第５章

（九州大学持続可能な社会のための決断科学センター　准教授）

日本（高知県・屋久島・茨城県・岐阜県など）・東南アジア（ビルマ・カンボジア・インドネシアなど）・メラネシア（ソロモン諸島）の農山漁村に沈潜して、自然を基盤にした地域社会の暮らしの「当たり前」を把握してきた。その「当たり前」が衰退した地域では、その記録と再構築案の提示や橋渡しを、商業伐採などの大規模開発によって「当たり前」が脅かされつつある地域では、代替方策の試行錯誤というアクションリサーチを進めている。自然を基盤にした地域社会の「当たり前」は、食用・薬用・建築用など様々な生活資源を生み出すための生業という「自然とのつながり」、お祭りや相互扶助、贈与交換、夜這いなど、先祖や子孫、地域住民という「人とのつながり」で形成されている。これらすべてが研究対象であり、いろんな地域に居候しながら、地域社会の「当たり前」を感じ、笑われ怒られ身につけていく参与観察を行っている。そのなかで山村という自然や人のつながりのなかで生み出されてきた和紙に着目して、高知を中心に各産地を歩き回っている。

主な著書として、

地域社会の多様な豊かさと国際協力―ソロモン諸島での脱糞と魚販売の失敗から：フィールドワークからの国際協力（荒木徹也・井上真編）、昭和堂、２００９

自然を基盤とする暮らしの「当たり前」&環境問題を巡るローカルとグローバル：環境の社会学（関礼子・中澤秀雄・丸山康司・田中求編）、有斐閣アルマ、２００９

人は森林とどう暮らすか？―環境社会学から考える：アジアの環境研究入門（古田元夫監修、東大ASNET編）、東京大学出版会、２０１４

Collaborative Governance of Forests Towards Sustainable Forest Resource Utilization（Motomu Tanaka and Makoto Inoue 編著）、University of Tokyo Press、2015

八巻一成――第6章

（森林総合研究所北海道支所北方林管理研究グループ　グループ長）

現代に生きる人々や社会が、自然とどのようにかかわり合いながら自然とともにあるべきかについて関心を抱いてきた。特に、自然景観や文化的景観の保全、国内及び欧米の自然保護政策、自然資源を活用した地域づくりといったテーマを中心に研究を進めている。近年は、自然資源の保全と持続的な利用を実現するためには、法律や組織といった制度化されたしくみばかりではなく、資源にかかわるさまざまな関係者のインフォーマルな社会関係もまた重要な鍵を握っているとの思いから、そうした複眼的な視点を通した自然資源管理におけるより良い「ガバナンス」の構築を目指している。

主な著書として、

イギリス国立公園の現状と未来―進化する自然公園制度の確立に向けて（畠山武道・土屋俊幸・八巻一成編著）、北海道大学出版会、２０１２

エコツーリズム・グリーンツーリズム、森林大百科事典（森林総研編）、朝倉書店、２００９

中国の自然保護制度、中国の森林・林業・木材産業―現状と展望―、日本林業調査会、２０１０

おわりに――この本でいいたかったこと

「内発的発展」というと、地域の自己完結的な「経済発展」や「経済成長」を前提とした、物質的な豊かさばかりが追い求められてきた傾向がある。しかし、この本では、「内発的発展」の内実を、地域それぞれで異なる「豊かさ」を求めるための〝社会変革〟の過程であると定義し、地域を「内発的発展」に導くための条件について「コモンズ論」の側面から考えてみた。

つまり、この本で主題としたのは、「いかにカネを稼ぐか」ではなく、「『豊かな』暮らしとは何か」という本質的な問題である。この問題に対峙するために、森林、和紙、レブンアツモリソウ、そして人の暮らしを題材に、住民が共同して「地域の資源」(「コモンズ」)を持続的に育み、利用して暮らすことが本当の「豊かさ」であり、そうした社会を築いていくことの重要性をみてきた。

ただし、「地域の資源」に期待される役割は、時代とともに変わってきている。例えば、江戸時代の里山は、肥料、牛馬の飼料、家や作業小屋用の材料や燃料の採取源として、農山村に暮らす人たちにとって不可欠な存在であった。だが、燃料革命によって灯油などの石油製品が普及するとともに、薪炭が使われなくなり、有機肥料が化学肥料に置き換わっていったため、里山は木材供給を目的とする人工林になってしまった。その人工林も、植栽木が育ち、保育等の手入れがそれほど必要でなくなると、地域住民にとっても遠い存在となってしまった。

このように、入会（財産区有）林は、住民とのかかわりが薄くなくなってしまったコモンズの典型例の一つである。第4章では、これまで住民により自発的に管理・利用されてきた入会林の管理・利用権を住民側にとどめさせるための道筋について詳述している。入会林の管理や経営に関する知識の乏しい住民や市町村の意向をとりまとめることの難しさが具体的に記されている。

時間の経過とともに住民にとっての必要性が変化する「地域の資源」がこれからも「コモンズ」であり続けるためには、住民が常にかかわり続ける必要がある。「地域の資源」を、地域に根ざす住民や市町村が持続的に管理・利用し、それに国や都道府県といった地域外の機関や住民・組織がかかわってくるガバナンスを構築することによって「コモンズ」を維持することができ、それが田舎に暮らすことの「豊かさ」につながっていく。そのような過程や道筋を解明することは、私たち山村地域の振興に携わる者にとって重要なテーマである。

田舎で暮らしていくためには、人と人、人と組織・団体のネットワークは欠くべからざるものである。ネットワークの中心にいるのは、田舎の住民や田舎にある団体・組織であり、これに地域外の住民や組織・団体が絡んでくる構図が考えられる。田舎暮らしのネットワークに入っていくためには、田舎と縁もゆかりもない人よりは、田舎から一旦出て行った人たちやその子供たちの方が、入り込みやすいだろう。このような人たちが田舎に戻って住み着くことが常態化すれば、田舎に住む人と都会に住む人と交流がもっと活発になり、「地域の資源」（「コモンズ」）の新しい管理・利用の仕組み（「ガバナンス」）ができていくのではないだろうか。

この本の出版がきかっけとなって、「豊かな暮らし」とは何か、人はどのように生きていけば幸福なのかという根源的なテーマに関する議論が高まることを願っている。さらにいえば、都会に住んでいる人たちが「豊かな暮らし」が実現できる田舎を再発見する一助になれば幸いである。

最後に、この本は東京大学・大学院農学生命科学研究科の井上真教授の叱咤激励がなければ、完成に至らなかった。奥田の記述部分は、井上教授の指導を得て作成した博士論文をもとに作成した。井上教授には、本当に感謝している。また、日本林業調査会の辻潔社長によるご指導やご助力がなければ、この本は出版に至っていない。

なお、この本は、ニッセイ緑の財団研究助成「木材の地産地消を通じた地域経済と環境保全の調和に関する研究」（２００２～２００３年）に始まり、森林総合研究所交付金プロジェクト「地域資源活用と連携による山村振興」（２００６～２００８年）及び文部科学省科学研究費補助金基盤研究（B）「限界集落における持続可能な森林管理のあり方についての研究」（２０１０～２０１２年）のなかで得られた知見や参画した研究者間の議論をもとに書かれたものである。これらの共同研究に参画していただいた研究者、特にこの本に執筆していただいた研究者各位に、心から感謝申し上げる。

２０１６年1月

編著者　奥田　裕規

2016年1月21日　第1版第1刷発行

「田舎暮《いなかぐ》らし」と豊《ゆた》かさ
―コモンズと山村振興―

編著者 ―――――――― 奥田裕規
カバー・デザイン ――― 峯元洋子
発行人 ―――――――― 辻　潔
発行所 ―――――――― 森と木と人のつながりを考える
㈱日本林業調査会
〒160-0004
東京都新宿区四谷2－8　岡本ビル405
TEL 03-6457-8381　FAX 03-6457-8382
http://www.j-fic.com/
J-FIC（ジェイフィック）は、日本林業調査会（Japan Forestry Investigation Committee）の登録商標です。

印刷所 ―――――――― 藤原印刷㈱

定価はカバーに表示してあります。
許可なく転載、複製を禁じます。

Ⓒ 2016 Printed in Japan. Hironori Okuda.

ISBN978-4-88965-245-1

再生紙をつかっています。